全国中等卫生职业教育规划教材

供中等卫生职业教育各专业使用

生物化学概论

（修订版）

主　编　高怀军

副主编　李　晖　柳晓燕　潘　建

编　者　（以姓氏笔画为序）

习傲登　包头医学院职业技术学院

孙江山　重庆市医药卫生学校

李　晖　衡水卫生学校

陆彩凤　江苏省宿迁卫生中等专业学校

周　玲　南昌市卫生学校

柳晓燕　安徽省淮南卫生学校

柴京娟　首都医科大学附属卫生学校

高怀军　首都医科大学附属卫生学校

潘　建　桐乡市卫生学校

科　学　出　版　社

北　京

内 容 简 介

本书由基本理论和实践课程两部分组成,主要介绍了生物化学的基本理论、基础知识和理论验证。教学安排 36 学时,其中理论教学 32 学时,实验教学 4 学时。书中设有"学习要点""重点提示"和"知识点"。学习要点主要体现考纲和大纲的基本要求,设在每一章的开始;重点提示是将章节中学习难点、重要知识点、易混概念、执业考试要点等予以提醒或解释;知识点是针对章节中相互链接的知识及与护士执业资格考试相关的考点,需通过讨论进行分析的内容。配套相应的教学数字教辅包含执业考试题型训练、案例分析或学习点拨等内容。

本书供全国中等卫生职业院校各专业使用。

图书在版编目(CIP)数据

生物化学概论 / 高怀军主编 . —修订本 . —北京:科学出版社,2016
全国中等卫生职业教育规划教材
ISBN 978-7-03-048663-9

Ⅰ. 生… Ⅱ. 高… Ⅲ. 生物化学–中等专业学校–教材 Ⅳ. Q5

中国版本图书馆 CIP 数据核字(2016)第 127415 号

责任编辑:郝文娜 杨小玲 / 责任校对:钟 洋
责任印制:赵 博 / 封面设计:黄华斌

科 学 出 版 社 出版
北京东黄城根北街 16 号
邮政编码:100717
http://www.sciencep.com

大厂书文印刷有限公司 印刷
科学出版社发行 各地新华书店经销

*

2016 年 6 月第 一 版 开本:787×1092 1/16
2016 年 6 月第一次印刷 印张:9
字数:203 000
定价:21.00 元
(如有印装质量问题,我社负责调换)

全国中等卫生职业教育规划教材
编审委员会
（修订版）

全国中等卫生职业教育规划教材
教 材 目 录
（修订版）

全国中等卫生职业教育规划教材
修订说明

  《全国中等卫生职业教育规划教材(护理、助产专业)》在编委会的组织下,在全国各个卫生职业院校的支持下,从2009年发行至今,已经走过了8个不平凡的春秋。在8年的教学实践中,教材作为传播知识的有效载体,遵照其实用性、针对性和先进性的创新编写宗旨,落实了《国务院关于大力发展职业教育的决定》精神,贯彻了《护士条例》,受到了卫生职业院校及学生的赞誉和厚爱,实现了编写精品教材的目的。

  这次修订再版是在前两版的基础上进行的。编委会全面审视前两版教材后,讨论制定了一系列相关的修订方针。

  1. 修订的指导思想 实践卫生职业教育改革与创新,突出职业教育特点,紧贴护理、助产专业,有利于执业资格获取和就业市场。在教学方法上,提倡自主和网络互动学习,引导和鼓励学生亲身经历和体验。

  2. 修订的基本思路 首先,调整知识体系与教学内容,使基础课更侧重于对专业课知识点的支持、利于知识扩展和学生继续学习的需要,专业课则紧贴护理、助产专业的岗位需求、职业考试的导向;其次,纠正前两版教材在教学实践中发现的问题;最后,调整教学内容的呈现方式,根据年龄特点、接受知识的能力和学习兴趣,注意纸质、电子、网络的结合,文字、图像、动画和视频的结合。

  3. 修订的基本原则 继续保持前两版教材内容的稳定性和知识结构的连续性,同时对部分内容进行修订和补充,避免教材之间出现重复及知识的棚架现象。修订重点放在四个方面:①根据近几年新颁布的卫生法规和卫生事业发展规划及人民健康标准,补充学科的新知识、新理论等内容;②根据卫生技术应用型人才今后的发展方向,人才市场需求标准,结合执业考试大纲要求增补针对性、实用性内容;③根据近几年的使用中读者的建议,修正、完善学科内容,保持其先进性;④根据学生的年龄和认知能力及态度,进一步创新编写形式和内容呈现方式,以更有效地服务于教学。

  现在,经过全体编者的努力,新版教材正式出版了。教材共涉及33门课程,可供护理、助产及其他相关医学类专业的教学和执业考试选用,从2016年秋季开始向全国卫生职业院校供应。修订的教材面目一新,具有以下创新特色。

1. 编写形式创新　在保留"重点提示,适时点拨"的同时,增加了对重要知识点/考点的强化和提醒。对内容中所有重要的知识点/考点均做了统一提取,标列在相关数字化辅助教材中以引起学生重视,帮助学生拓展、加固所学的课程知识。原有的"讨论与思考"栏目也根据历年护士执业考试知识点的出现频度和教学要求做了重新设计,写出了许多思考性强的问题,以促进学生理论联系实际和提高独立思考的能力。

2. 内容呈现方式创新　为方便学生自学和网络交互学习,也为今后方便开展慕课、微课等学习,除了纸质教材外,本版教材创新性提供了手机版 APP 数字化辅助教材和网络教学资源。其中网络教学资源是通过网站形式提供教学大纲和学时分配以及讲课所需的 PPT 课件(包含图表、影像等),手机版数字化教辅则通过扫描二维码下载 APP,帮助学生复习各章节的知识点/考点,并收集了大量针对性强的各类练习题(每章不低于 10 题,每考点 1~5 题,选择题占 60% 以上,专业考试科目中的案例题不低于 30%,并有一定数量的综合题),还有根据历年护士执业考试调研后组成的模拟试卷等,极大地提高了教材内涵,丰富了学习实践活动。

我们希望通过本次修订使新版教材更上一层楼,不仅继承发扬该套教材的针对性、实用性和先进性,而且确保其能够真正成为医学教材中的精品,为卫生职教的教学改革和人才培养做出应有的贡献。

本套教材第 1 版和第 2 版由军队的医学专业出版社出版。为了配合当前实际情况,使教材不间断地向各地方院校供应,根据编委会的要求,修订版由科学出版社出版,以便为各相关地方院校做好持续的出版服务。

感谢本系列教材修订中全国各卫生职业院校的大力支持和付出,希望各院校在使用过程中继续总结经验,使教材不断得到完善和提高,打造真正的精品,更好地服务于学生。

编委会

2016 年 6 月

修订版前言

本教材根据中等卫生职业教育教学大纲内容要求编写。教材内容以科学、实用、注重职业技能教育、体现明显专业特色为依据,以护理岗位需求为标准,与国家执业护士资格考试内容接轨,将适合护理临床与实践需要的新知识和护士执业标准中规定的内容提炼入教材,没有过分强调内容的系统性和知识的连续性,目的是使学生理解和掌握生物化学的基本理论、基础知识,能用生物化学的基本理论解释临床问题,并为其他基础课和专业课打下基础。教材内容的编写采用描述性、总结性、点拨式的表述方式。本此修订在前两版教材的基础上做了适当调整,强调了知识点、增加了病例分析等。

本书由基本理论和实践课程两部分组成,主要介绍了生物化学的基本理论、基础知识和理论验证。理论内容包括:第1章绪论;第2章蛋白质与核酸化学;第3章酶;第4章生物氧化;第5章糖代谢;第6章脂类代谢;第7章氨基酸代谢;第8章核酸代谢与蛋白质生物合成;第9章肝的生物化学;第10章水、无机盐代谢及酸碱平衡。验证性实践课程包括:一、酶的专一性(特异性);二、影响酶促反应速度的因素;三、肝的生酮作用。教学安排36学时,其中理论教学32学时,实验教学4学时。

为适应护理、助产专业学生年龄、知识结构、学习动机和学习态度的需求,本次修订教材中设有"学习要点""重点提示"和"知识点"。学习要点主要体现考纲和大纲的基本要求,设在每一章的开始;重点提示是将章节中学习难点、重要知识点、易混概念、执业考试要点等予以提醒或解释,便于学生尽快掌握所学知识与方法,开启学习该门课程的兴趣;知识点是针对章节中相互链接的知识及与护士执业资格考试相关的考点,需通过讨论进行分析的内容。本教材配套相应的教学数字教辅,手机(APP)呈现包含执业考试题型训练、案例分析或学习点拨等内容。

本教材在编写过程中自始至终得到了科学出版社和参编院校领导的帮助、指导和鼎力支持,这为本书顺利编写并完成提供了保障,全体参编人员通力合作付出了心血和努力,在此一并表示最诚挚的感谢。由于受时间和能力所限,可能存在疏漏和错误之处,敬请同行专家、师生和读者批评指正。

编　者

目 录

第 *1* 章

绪　论

第一节　生物化学的概念、研究内容与发展概况

一、生物化学的概念

生物化学是研究生命的化学,它主要采用化学、物理学、生理学以及免疫学等原理和方法,研究生物体的化学组成、结构与功能的关系及生物体内发生的化学变化的科学。生物化学从分子水平上阐明产生各种生命现象的化学基础,揭示生命的奥秘。因此,生物化学又称为生命的化学。

生物化学是生命科学中的一门重要学科,是十分重要的基础医学课程。生物化学的研究对象是生物,而医学生物化学以人体为主要研究对象,其任务是提高人类的健康水平,为预防和治疗疾病提供理论基础和技术手段。

二、研　究　内　容

当代生物化学研究的主要内容概括如下。

1. 生物体的分子结构与功能　生物体是由无机物、小分子有机物和生物大分子等组成。无机物如水和无机盐;小分子有机物如多种有机酸、有机胺、维生素、单糖、氨基酸、核苷酸等;生物大分子的种类繁多、结构复杂、功能各异,主要包括蛋白质、核酸、多糖、复合糖类及复合脂类等。生物大分子是由基本结构单位按一定顺序和方式连接而形成的,并且具有特定的空间构象和特异的生物学功能。例如,蛋白质是由氨基酸通过肽键连接形成的多聚体,是生命的物质基础;核酸是由核苷酸通过磷酸二酯键连接形成的多聚体,是遗传的物质基础。

2. 物质代谢及其调节 生物体与周围环境之间进行物质交换和能量交换以实现自我更新的过程,称为新陈代谢。新陈代谢是生命的基本特征之一,包括物质代谢和能量代谢。物质代谢包括合成代谢与分解代谢,几乎都是经一系列酶催化反应的代谢途径完成,正常的物质代谢是正常生命活动的必要条件;能量代谢是指伴随物质代谢中的能量释放、转移和利用。机体通过物质的合成代谢维持其生长、发育、更新和修复,通过分解代谢产生能量和排出废物,机体内存在一整套精细、完善的调节机制,若物质代谢发生紊乱或调节失控可引起疾病。

3. 基因信息传递及其调控 生物体具有繁殖能力和遗传特性。核酸是遗传的物质基础,分为 DNA 和 RNA 两大类。DNA 是遗传信息的载体,基因是 DNA 分子中可表达的功能片段,RNA 参与遗传信息表达的各个过程。基因信息的传递涉及遗传、变异、生长、发育与分化等诸多生命过程,也与遗传性疾病、恶性肿瘤、心血管疾病、免疫缺陷性疾病等多种疾病的发病机制有关。基因信息的研究在生命科学中的作用越显重要。

三、发 展 概 况

1. 古代生物化学在实践中的应用 在远古时代,我国劳动人民积累了不少有关生物化学方面的知识,并应用在生产、医疗和营养方面的实践中,如用粮食、大豆等原料酿酒,运用酶的作用制造酱、醋、饴糖等食品;在医药方面用海藻(含碘)治疗"瘿病"(甲状腺肿),用富含维生素 B_1 的草药治疗"足癣病",用富含维生素 A 的猪肝治疗"夜盲症"等。

2. 近代生物化学的发展历程 近代生物化学发展历程大致可分为 3 个阶段:初期阶段、蓬勃发展阶段和分子生物学时期。

(1)生物化学的初期阶段:18 世纪中期至 20 世纪初期,又称为叙述生物化学阶段。这一阶段主要研究了生物体的化学组成,对糖类、脂类、氨基酸的性质进行了较为系统的研究,奠定了酶学基础,发现了核酸并确定了相应的结构,合成了简单的多肽等。

(2)生物化学的蓬勃发展阶段:20 世纪初期至 20 世纪 50 年代,又称为动态生物化学阶段。这一阶段,在营养、内分泌、酶学方面,尤其是在物质代谢等方面的研究取得了巨大成就,发现了必需氨基酸、必需脂肪酸、多种维生素、微量元素等营养必需物质,基本确定了体内主要物质的代谢途径和 DNA 是遗传的物质基础。

(3)分子生物学时期:20 世纪 50 年代以后,即分子生物学时期。这一阶段重点研究了蛋白质与核酸等生物大分子的结构与功能、物质代谢与调节、基因表达与调控,并取得了举世瞩目的成果。20 世纪 50 年代提出了 DNA 双螺旋结构模型,为揭示遗传信息的传递规律奠定了基础;20 世纪 60 年代初步确定了遗传信息传递的中心法则,找到了破解生命之谜的钥匙;20 世纪 70 年代,重组 DNA 技术建立,促进了临床疾病的基因诊断和基因治疗;20 世纪 90 年代开始实施人类基因组计划,这一工程的完成为人类破解生命之谜奠定了坚实的基础。

中国科学家对生物化学做出了重要贡献。20 世纪 20~30 年代,我国生物化学家吴宪等在营养学、临床生物化学等方面的研究有重大贡献。在蛋白质化学的研究方面,吴宪提出了国际公认的蛋白质变性学说;1965 年我国科学家在世界上首次人工合成具有生物活性的蛋白质——结晶牛胰岛素;1981 年又成功合成了酵母丙氨酸转移核糖核酸。近年来,在基因工程、蛋白质工程、疾病相关基因的定位、人类基因组计划及新基因的克隆与功能研究等方面取得了重要成果。我国的生物化学研究正迅速迈进国际先进水平。

第二节 生物化学在临床上的应用

生物化学的理论和技术已渗透到基础医学和临床医学的各个领域,并随之产生了许多交叉学科和边缘学科,如分子生物学、分子遗传学、分子免疫学、分子病理学、分子药理学、分子微生物学、分子流行病学、神经分子生物学、发育分子生物学、细胞分子生物学、衰老分子生物学、肿瘤分子生物学、免疫化学、生物工程学、生物信息学等。

生物化学是以化学、数学等学科为基础发展起来的,是生物科学的重要分支,也是联系生物学各学科的桥梁;是临床医学、预防医学、农业科学的基础;与食品科学关系密切;同时,生物化学原理应用于能源生产工程和环境保护;生物化学也加速了生物产业的崛起。

生物化学与分子生物学对医学各学科的发展起着促进作用。随着现代医学的发展,生物化学的理论和技术越来越多地应用于疾病的诊断、治疗、预防及预后判断。

一、生物化学与生理功能

生物化学从探讨体内的物质组成、代谢规律和调节机制的层面阐明了机体的生理功能。当机体受到创伤、感染、负面情绪(如悲哀,恐惧)、噪声等因素刺激时,体内代谢的各种化学反应表现出与机体生理活动相适应的功能反应,如物质分解代谢加快、血糖升高、能耗增加、水盐代谢紊乱等一系列异常变化。

二、生物化学与健康

生物化学为认识疾病和维持健康提供了理论基础;它从分子水平上阐述了健康理念,提出了有益于健康、预防疾病的有效措施;运用营养生物化学知识,有效指导了人们通过合理营养和膳食,去抵御疾病、延缓衰老和维持健康;利用生物技术和基因工程生产出有药用价值的胰岛素、蛋白质、生长素、干扰素和乙型肝炎疫苗等生物制品。

三、生物化学与疾病

营养素的代谢与一些疾病的发病机制密切相关,是营养学的基础;蛋白质和核酸的分子结构及其在体内的生物合成、遗传信息的表达,对于肿瘤的防治、毒物的毒理作用、免疫功能障碍及病原微生物研究都是必备的知识。通过生物化学可以在分子水平上探讨疾病的病因及发病机制,做出诊断和寻求防治的方法,如对疾病的基因诊断和基因治疗;阐明肿瘤、心血管疾病、遗传性疾病、神经系统疾病及免疫性疾病的发生、发展及转归,并用于早期诊断和有效防治;借助临床生物化学检验诊断疾病。

学习和掌握生物化学的基础知识和基本技能,目的在于运用生物化学的基本知识去分析和解决问题,为以后学习基础医学、药学、临床医学等各专业课程奠定坚实的基础,对进一步理解人体功能,维持机体健康,认识疾病本质,探讨疾病的预防、诊断及治疗具有重要的意义。

学习生物化学首先要树立信心,掌握科学的学习方法,运用所学知识理解学习过程中遇到的问题。重点掌握物质代谢特点、反应条件、生理意义、生化机制等。在理解的基础上记忆,提高学习效率。坚持做好课前预习和课后复习,就会收到事半功倍的效果。遇到困难及时解决,不回避、不等待,以免造成更大的困难。

讨论与思考

1. 说出生物化学的概念。
2. 说出生物化学的研究内容。
3. 试述生物化学与其他各学科之间的关系。
4. 怎样学好生物化学这门基础医学课程?

（高怀军）

第2章

蛋白质与核酸化学

学习要点

1. 蛋白质的元素组成特点及基本组成单位
2. 蛋白质的分子结构及维系各级结构的化学键
3. 蛋白质的理化性质
4. 核酸的基本组成成分及基本组成单位
5. DNA 的双螺旋结构要点和 tRNA 的空间结构特点

蛋白质和核酸是生物体内非常重要的物质。蛋白质是生命活动的物质基础,除了参与人体的物质组成外,还具有催化、调节、运动、运输、凝血、防御及基因调控等重要功能;核酸是遗传的物质基础,与遗传信息的储存、传递及表达有关。研究蛋白质与核酸的化学可以让人们从分子水平上认识复杂的生命现象。

第一节　蛋白质化学

一、蛋白质的分子组成

(一)组成蛋白质的元素

组成蛋白质的主要化学元素为 C、H、O 和 N,大多数的蛋白质还含有 S,有的蛋白质还含有少量的 P、Fe、Cu 和 I 等微量元素。其中元素组成特点为含氮量比较接近,平均约 16%。因此生物样品中,每克氮相当于 6.25g 蛋白质。只要测出生物样品中的含氮量,就可以计算其中蛋白质的大致含量:

生物样品中蛋白质含量=样品含氮量×100/16=样品中含氮量×6.25

(二)蛋白质的基本组成单位——氨基酸

蛋白质是生物大分子,在酸、碱或者蛋白质水解酶的作用下,可被水解为氨基酸。组成蛋白质的氨基酸有 20 种,根据其结构和性质的不同,可分为各种不同的类型。它们有着共同的结构通式:

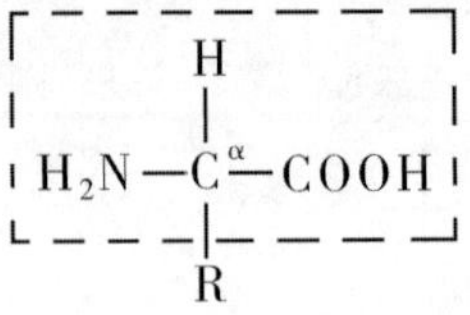

$$H_2N - \overset{\overset{\displaystyle H}{|}}{\underset{\underset{\displaystyle R}{|}}{C^\alpha}} - COOH$$

结构式居中的 α-碳原子连接 4 个基团或原子,分别是羧基、氢原子、氨基和侧链 R 基团。侧链 R 基团的不同,代表着 20 种各不相同的氨基酸。最简单的甘氨酸 R 基团是—H。

组成人体蛋白质的 20 种氨基酸,其中有 8 种体内需要而又不能自身合成,必须由食物供给,称为必需氨基酸,包括赖氨酸、色氨酸、苯丙氨酸、甲硫氨酸、亮氨酸、异亮氨酸、苏氨酸、缬氨酸。其余 12 种氨基酸可在体内合成,不必依赖食物供给,称为非必需氨基酸。组氨酸和精氨酸虽然能在体内合成,但合成量少,若长期缺乏也可导致氮的负平衡,可称为半必需氨基酸。

> **重点提示**
>
> 1. 组成蛋白质的主要化学元素为 C、H、O 和 N,其中元素组成特点为含氮量比较接近,平均约 16%。
> 2. 蛋白质的基本组成单位是氨基酸。组成人体蛋白质的 20 种氨基酸,其中有 8 种为必需氨基酸,其余 12 种为非必需氨基酸。

二、蛋白质的分子结构

(一) 蛋白质的基本结构

1. 肽键与肽 蛋白质分子中氨基酸之间通过肽键连接。一个氨基酸的 α-羧基和另一个氨基酸的 α-氨基脱水缩合而形成的化学键称为肽键,肽键是肽链及蛋白质结构的主要化学键,写作-CO-NH-(图 2-1-1)。

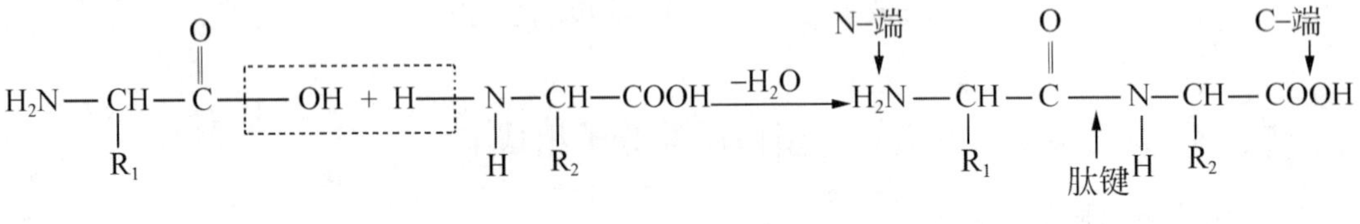

图 2-1-1 肽键

氨基酸通过肽键连接而成的化合物称为肽。由两个氨基酸缩合而成的肽称为二肽,三个氨基酸缩合成三肽,多个氨基酸脱水缩合成的肽称为多肽。肽链中的氨基酸分子因脱水已不是完整的氨基酸,故称为氨基酸残基。在多肽链中,肽链的一端保留一个 α-氨基,称氨基末端或 N-端,另一端保留一个 α-羧基,称羧基末端或 C-端。肽链具有方向性,即多肽链的方向从 N-端开始,终于 C-端,所以书写多肽链时 N-端写在左侧,C-端写在于右侧。

2. 生物活性肽 生物体内存在某些具有重要生理功能的低分子多肽,称为生物活性肽,如抗氧化剂(谷胱甘肽)、激素(抗利尿激素、催产素、加压素、脑啡肽)、细胞因子等。

3. 蛋白质的一级结构　蛋白质的一级结构是指蛋白质多肽链中氨基酸的排列顺序。它是蛋白质的基本结构。肽键是维持蛋白质一级结构的主要化学键,也是蛋白质结构中的主键。

牛胰岛素的一级结构(图 2-1-2):

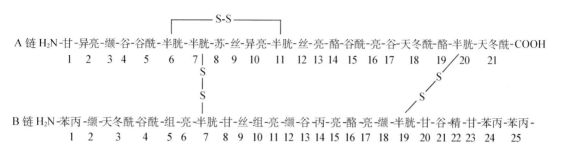

图 2-1-2　牛胰岛素的一级结构

(二) 蛋白质的空间结构

蛋白质的空间结构是由多肽链通过折叠、盘曲,使分子内各原子按一定方式组合成的特定空间构象。维持蛋白质空间结构稳定的化学键主要有氢键、离子键、疏水键、范德华力等非共价键和二硫键,统称为次级键或副键。根据其结构水平不同可分为二级、三级和四级结构。

1. 二级结构　蛋白质的二级结构是指多肽链主链通过折叠、盘曲所形成的空间结构,不涉及各 R 侧链的空间位置。其主要形式有 α-螺旋、β-折叠、β-转角和无规则卷曲等。α-螺旋和 β-折叠为常见的两种形式。

α-螺旋是指多肽链的主链围绕中心轴做有规律的盘曲,呈螺旋状上升的结构。螺旋的走向为顺时针方向,也称右手螺旋。上下螺旋之间形成氢键,螺旋结构保持稳定(图 2-1-3)。

β-折叠是指多肽链主链呈折纸状走向,以 α-碳原子为旋转点,折叠成锯齿状的结构。若干个 β-折叠顺向平行或逆向平行排列成 β-片层(图 2-1-4),依靠氢键维持结构稳定。

β-转角是指在蛋白质二级结构中,多肽链主链呈现 180°转折的结构。无规则卷曲是指多肽链中规则性不强的松散区段的构象。它们都以氢键维持结构的稳定。

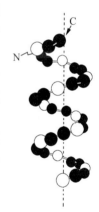

图 2-1-3　α-螺旋

2. 三级结构　蛋白质的三级结构是在二级结构基础上,多肽链进一步折叠或盘曲所形成的空间结构。三级结构是整条肽链所有原子在三维空间的排布,它的稳定性主要是依靠侧链基团相互作用生成的各种次级键,包括氢键、离子键、疏水键、范德华力等非共价键和二硫键,其中疏水键是主要作用力。每种有功能的蛋白质至少都具有各自特征性的三级结构。三级结构破坏,生理功能也随之丧失(图 2-1-5)。

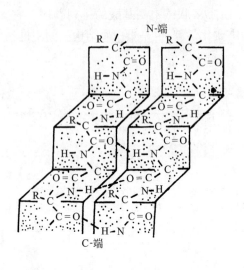

图 2-1-4　β-折叠

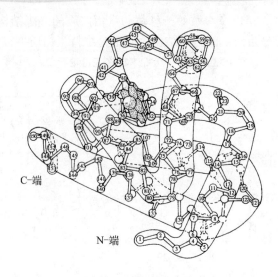

图 2-1-5　蛋白质的三级结构

3. 四级结构　有些蛋白质是由两条或两条以上多肽链构成,每条多肽链都具有独立的三级结构,称为亚基。由两个或两个以上亚基通过非共价键缔合而成的空间结构称为蛋白质的四级结构(图 2-1-6)。单独的亚基无生物学活性,只有聚合在一起形成完整的四级结构才具有蛋白质的生物学活性。

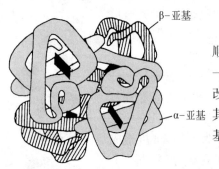

图 2-1-6　蛋白质的四级结构

(三)蛋白质结构和功能的关系

1. 一级结构与功能的关系　多肽链上氨基酸的排列顺序决定了蛋白质的空间结构,进而决定其生理功能。一级结构如果遭到破坏,其空间结构和生理功能也随之改变。如将胰岛素 A 链 N-端的第一个氨基酸残基去掉,其活性只剩 2%~10%,如再将紧邻的第 2~4 位氨基酸残基切去,其活性会完全丧失。

大量实验结果证明,一级结构相似的蛋白质,其空间结构和生理功能也相似,如不同哺乳动物的胰岛素一级结构和空间结构十分相似,仅有个别氨基酸的差异,并都具有调节血糖的生理功能。

2. 空间结构和功能的关系　蛋白质的特殊生理功能与其空间结构密切相关,空间结构发生变化,其功能活性也随之改变或丧失。如用一定方法将酶蛋白的空间结构破坏,虽然不破坏其一级结构,但酶的活性也会立即丧失;又如血红蛋白,其运氧功能与它的四级结构密切相关。血红蛋白由 4 个亚基组成,当某一个亚基与氧结合后,其空间结构发生改变,使亚基之间的盐键逐步断裂,促进了相邻亚基与氧结合的速度。由此可见空间结构的改变与蛋白质的生理功能密切相关。

(四)蛋白质的分类

蛋白质按其分子组成可分为两大类:单纯蛋白质和结合蛋白质。单纯蛋白质的水解产物仅为氨基酸,如清蛋白、球蛋白、组蛋白等。而结合蛋白质由蛋白质和非蛋白质部分组成,其非蛋白质部分通常称为辅基。根据辅基不同又可把结合蛋白质分为核蛋白、糖蛋白、脂蛋白、色蛋白、磷蛋白和金属蛋白等。

> **重点提示**
>
> 1. 多肽链上氨基酸的排列顺序是蛋白质的一级结构,维持蛋白质一级结构的主键是肽键。
> 2. 多肽链在一级结构的基础上折叠、盘曲形成蛋白质的空间结构,维持蛋白质空间结构的化学键为次级键。

三、蛋白质的理化性质

(一) 蛋白质的两性电离及等电点

蛋白质分子中既含有酸性基团又有碱性基团,可分别解离成阴离子和阳离子,所以蛋白质是两性电解质。

在某一 pH 溶液中,蛋白质解离成正、负离子的趋势相等,成为兼性离子或两性离子,且净电荷数为零,此时溶液的 pH 称为该蛋白质的等电点,用 pI 表示。人体血浆中各种蛋白质等电点不同,但大多数接近 pH5.0,所以在 pH = 7.4 左右的环境下,血浆中蛋白质以阴离子形式存在。

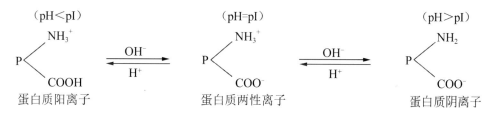

带电颗粒在电场中向电性相反电极移动的现象称为电泳。在同一 pH 溶液中,因各种蛋白质所带电荷性质、数量和大小不同,在同一电场中移动速度有差异,利用这一特性,可将混合蛋白质通过电泳法分离、纯化,如用醋酸纤维薄膜电泳可将血清蛋白质分为 5 种成分:清蛋白、α_1-球蛋白、α_2-球蛋白、β-球蛋白和 γ-球蛋白(图 2-1-7),临床上可用来帮助诊断疾病。

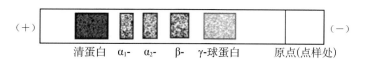

图 2-1-7　血清蛋白电泳图谱

(二) 蛋白质的胶体性质

蛋白质是高分子化合物,在溶液中所形成的颗粒直径为 1~100nm,达到胶体颗粒的范围,所以蛋白质溶液具有某些胶体性质,如黏度大、扩散速度慢、不能透过半透膜等。由于蛋白质不能透过半透膜,如将含有小分子杂质的蛋白质溶液放在半透膜制成的袋内,将袋置于蒸馏水或适宜的缓冲液中,小分子杂质即可从袋中析出,这种方法称透析(图 2-1-8),可用于纯化蛋白质。

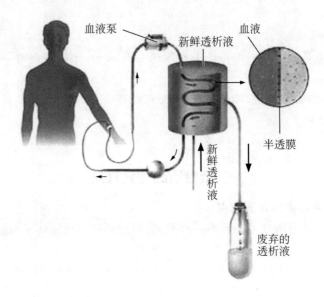

图 2-1-8 血液透析示意图

蛋白质的疏水基团大多位于分子内部,而位于分子表面的亲水基团在溶液中可与水结合形成一层水化膜,使蛋白质颗粒不易聚集,在 pH 不等于等电点的溶液中,蛋白质颗粒表面因带有同种的电荷而相互排斥,防止了蛋白质颗粒聚集沉淀,因此蛋白质溶液是稳定的亲水胶体溶液。

(三)蛋白质的沉淀

蛋白质沉淀是指蛋白质分子从溶液中析出的现象。凡是能破坏蛋白质胶体溶液的两个稳定因素——水化膜和颗粒表面的同种电荷,即可使蛋白质分子聚集而发生沉淀。常用的沉淀方法有盐析、加入有机溶剂、加入重金属盐和加入某些酸类。

(四)蛋白质的变性

在某些物理或化学因素作用下,蛋白质空间构象被破坏,理化性质改变和生物学活性丧失的现象称为蛋白质的变性。变性的实质是蛋白质的空间结构被破坏,而一级结构未改变。变性后的蛋白质生物学活性丧失,溶解度降低,黏度增加,而且比较容易被酶水解。使蛋白质变性的物理因素有加热、高压、紫外线、X 射线、超声波等,化学因素有强酸、强碱、重金属离子、尿素、乙醇、丙酮等。

蛋白质变性广泛应用于临床工作中,例如用煮沸、高压蒸气、紫外线照射、乙醇等方法消毒灭菌;低温保存生物制剂、疫苗、酶蛋白等,防止蛋白质变性。

(五)蛋白质的紫外吸收性质及呈色反应

1. 紫外吸收性质 蛋白质分子通常含有酪氨酸和色氨酸,这两种氨基酸在 280nm 波长处有一特征性吸收峰,此特性常用于测定蛋白质的含量。

2. 呈色反应 蛋白质分子可与某些试剂反应生成有色化合物,这些反应常被用于蛋白质的定性、定量分析。重要的呈色反应有:双缩脲反应(在碱性溶液中蛋白质分子中的肽键与铜离子作用生成紫红色化合物);酚试剂反应(蛋白质分子中的酪氨酸残基与酚试剂反应生成蓝色化合物);茚三酮反应(蛋白质分子中的氨基酸与茚三酮反应生成蓝紫色化合物)。

重点提示

1. 蛋白质具有两性电离、亲水胶体、变性、紫外吸收等多种性质。
2. 蛋白质变性的特点是溶解度降低、黏度增高、生物学活性丧失、容易被酶水解。

第二节　核酸的化学

核酸是生物遗传的物质基础,生物的生长、发育、繁殖、遗传与变异无不与核酸密切相关。

一、核酸的分类

核酸分为两大类:一类为脱氧核糖核酸(DNA),是遗传信息的储存和携带者,绝大部分存在细胞核中;另一类为核糖核酸(RNA),参与遗传信息的储存、转录与表达,绝大部分分布在细胞质中。根据 RNA 结构与功能分为三类:信使 RNA(mRNA)、转运 RNA(tRNA)、核糖体 RNA(rRNA)。

二、核酸的分子组成

(一) 核酸的元素组成

核酸分子由 C、H、O、N 和 P 五种元素组成,其中 P 的含量比较恒定,为 9%~11%,故可通过测定生物样品中 P 的含量对核酸进行定量分析。

(二) 核酸的基本组成成分

核酸是由许多个核苷酸连接而成的生物信息大分子。核酸在核酸酶的催化作用下水解首先得到核苷酸,核苷酸进一步水解成核苷与磷酸,核苷彻底水解后得到戊糖和含氮碱等基本成分。因此核酸的基本组成单位是核苷酸,而核苷酸则由含氮碱、磷酸和戊糖 3 种成分组成。

1. **戊糖**　戊糖是核酸的重要组成成分。DNA 中所含的戊糖是 D-2-脱氧核糖,RNA 中含的戊糖是 D-核糖。它们的结构如图 2-2-1 所示。

2. **含氮碱**　核酸中的含氮碱(也称碱基)有两类,分别为嘌呤碱和嘧啶碱。嘌呤碱包括腺嘌呤(A)和鸟嘌呤(G);嘧啶碱包括胞嘧啶(C)、尿嘧啶(U)和胸腺嘧啶(T)(图 2-2-2)。

D-核糖(组成RNA)　　D-2-脱氧核糖(组成DNA)

图 2-2-1　戊糖

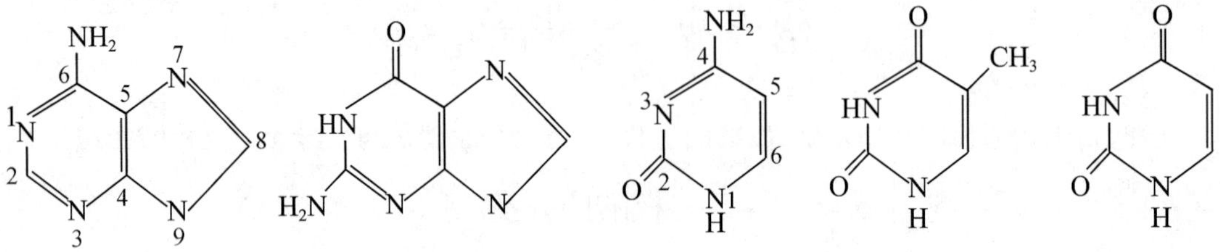

腺嘌呤　鸟嘌呤　胞嘧啶　胸腺嘧啶　尿嘧啶

图 2-2-2　嘌呤碱和嘧啶碱

DNA 分子中主要含有 A、G、C 和 T 四种碱基，RNA 分子中主要含有 A、G、C 和 U 四种碱基。两类核酸的基本组成成分如下(表 2-1)。

表 2-1　两类核酸的基本组成成分

基本成分	RNA	DNA
磷酸	磷酸	磷酸
戊糖	D-核糖	D-2-脱氧核糖
含氮碱	腺嘌呤(A)、鸟嘌呤(G)	腺嘌呤(A)、鸟嘌呤(G)
	胞嘧啶(C)、尿嘧啶(U)	胞嘧啶(C)、胸腺嘧啶(T)

(三)核酸的基本组成单位——核苷酸

1. 核苷　含氮碱与戊糖通过糖苷键脱水缩合形成的化合物称为核苷或脱氧核苷(图 2-2-3)。戊糖的第一位碳原子(C-1′)上的羟基分别与嘌呤碱的 N-9 和嘧啶碱的 N-1 上的氢脱水缩合形成的化学键称为糖苷键。核苷根据所含的含氮碱和戊糖进行命名，如鸟嘌呤与核糖连接而成的核苷称为鸟苷；腺嘌呤与脱氧核糖连接而成的核苷称为脱氧腺苷。

2. 核苷酸　核苷中戊糖 C-5′上的羟基与磷酸通过磷酸酯键结合成核苷酸(图 2-2-4)。戊糖为核糖的核苷酸称为核糖核苷酸，共四种，分别为 AMP、GMP、CMP 及 UMP；含脱氧核糖的核苷酸称为脱氧核糖核苷酸(简称脱氧核苷酸)，共四种，分别为 dAMP、dGMP、dCMP 及 dTMP(表 2-2)。

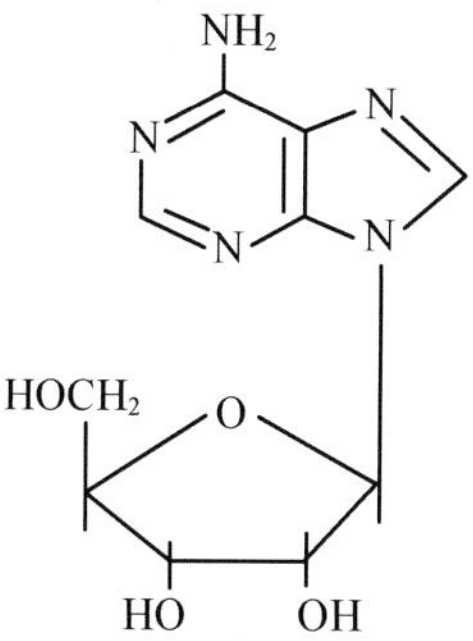

腺嘌呤核苷　　　　　　　　　胞嘧啶脱氧核苷
（腺苷）　　　　　　　　　　　（脱氧胞苷）

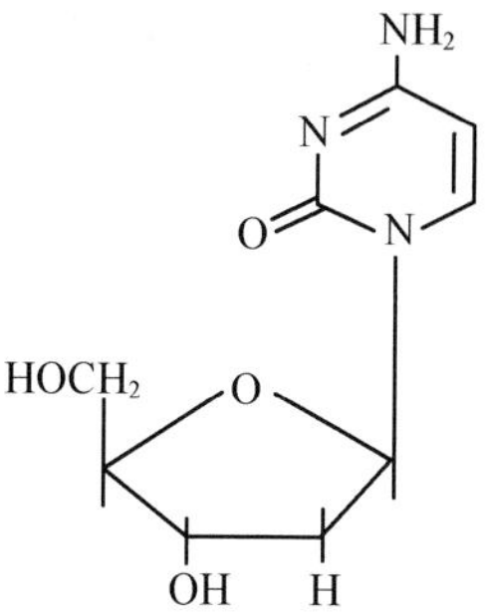

图 2-2-3　核苷

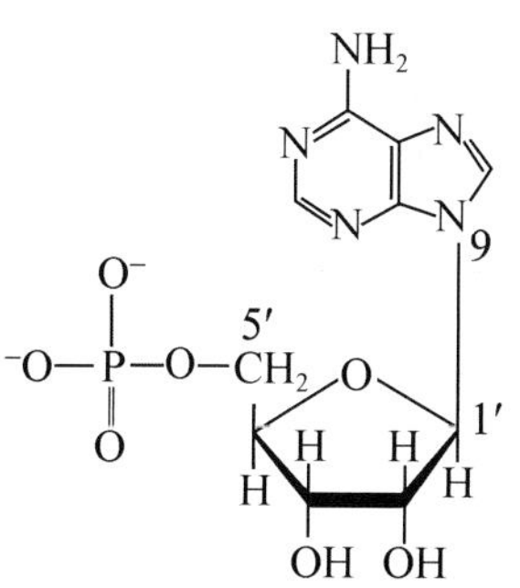

腺苷酸　　　　　　　　　　　脱氧胸苷酸
（AMP）　　　　　　　　　　　（dTMP）

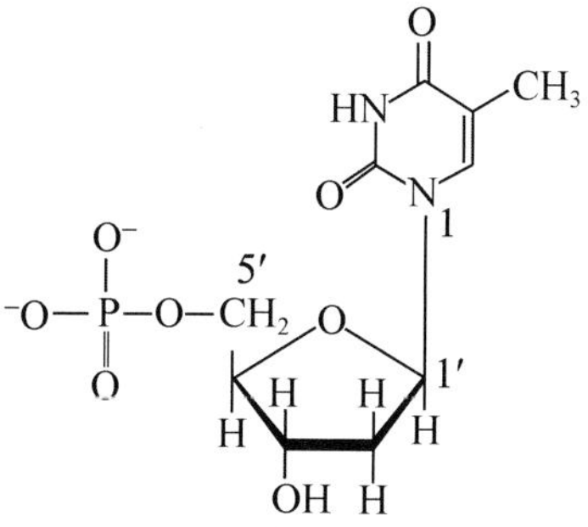

图 2-2-4　核苷酸

表 2-2　组成核酸的主要核苷酸

RNA	DNA
腺苷酸(一磷酸腺苷,AMP)	脱氧腺苷酸(一磷酸脱氧腺苷,dAMP)
鸟苷酸(一磷酸鸟苷,GMP)	脱氧鸟苷酸(一磷酸脱氧鸟苷,dGMP)
胞苷酸(一磷酸胞苷,CMP)	脱氧胞苷酸(一磷酸脱氧胞苷,dCMP)
尿苷酸(一磷酸尿苷,UMP)	脱氧胸苷酸(一磷酸脱氧胸苷,dTMP)

重点提示

核酸分子由 C、H、O、N 和 P 五种元素组成,其中 P 的含量比较恒定,为 9%~11%。
核酸的基本组成单位是核苷酸,核苷酸由碱基、戊糖、磷酸三种基本成分组成。

三、核酸的分子结构

(一)一级结构

核酸分子中,前一个核苷酸的 3'-OH 与下一个核苷酸的 5'-磷酸脱水缩合形成 3',5'-磷酸二酯键。多个核苷酸通过磷酸二酯键连接成多核苷酸链。多核苷酸链是核酸的一级结构(图2-2-5),其两个末端分别称为 5′-末端和 3′-末端,因此核酸具有方向性。习惯书写方式是从 5′-末端到 3′-末端。

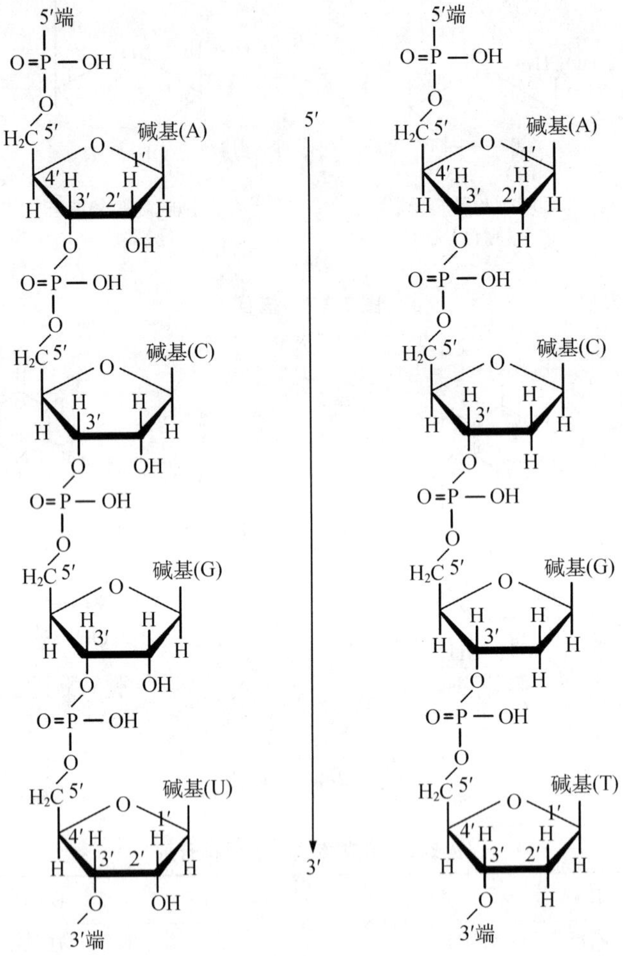

图 2-2-5　核酸的一级结构

多核苷酸链书写时常用最简式表示,就是按核苷酸顺序书写每一核苷酸所包含的含氮碱基,如 5′-G-A-C-C-U-A-G-G-⋯⋯-G-C-A-C-A-U-3′。

核酸的一级结构是指核酸分子中核苷酸的排列顺序。由于核苷酸分子之间只存在碱基的差异,因此可用碱基的排列顺序代替。核酸是遗传的物质基础,遗传信息的携带、传递和表达就是通过多核苷酸链上碱基的排列顺序体现。碱基顺序一旦发生改变,就会引起生物遗传性状有害的变异。

(二) 空间结构

核酸的空间结构分为两个层次。分别是二级结构与三级结构。

1. DNA 的空间结构　1953 年,英国剑桥大学的两位青年学者沃森(Watson)和克里克(Crick)根据当时的科研成果,提出了著名的 DNA 双螺旋结构模型(图 2-2-6),确立了 DNA 的二级结构,这也标志着现代分子生物学的开始。该模型的要点如下。

（1）DNA 分子是由两条多脱氧核苷酸链围绕同一中心轴形成双螺旋结构。两条脱氧核苷酸链反向平行,一条链 5′→3′走向,另一条链 3′→5′走向。

（2）在 DNA 分子的两条链中,亲水的脱氧核糖和磷酸构成双链的骨架位于螺旋的外侧,而碱基位于内侧。

（3）两条链之间的碱基按照严格的碱基互补原则进行配对,通过氢键形成碱基对,即 C 与 G 配对,其间形成三个氢键;A 与 T 配对,其间形成两个氢键。配对的碱基称为互补碱基;DNA 双链彼此称为互补链。

（4）碱基对之间的氢键及碱基平面之间的碱基堆积力是维持双螺旋结构稳定的主要作用力。

DNA 也像蛋白质一样在二级结构的基础上形成三级结构,即双螺旋进一步卷曲形成的超螺旋结构。

2. RNA 的空间结构　RNA 分子比 DNA 分子小很多,一般是由几十至几千个核苷酸构成的一条多核苷酸单链结构。

tRNA 分子的链状结构会在某些节段回折形成局部的双螺旋,回折处碱基是 A 与 U 配对,G 与 C 配对;无法配对的碱基膨出成环状。局部形成的双链与膨出的环状形成发夹样结构,这就是 tRNA 的二级结构。tRNA 的二级结构中含 3 个发

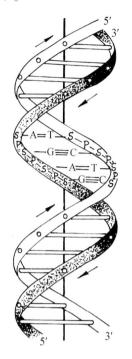

图 2-2-6　DNA 的二级结构

夹结构,呈三叶草形。三叶草形结构的顶端称为反密码环,3 个连续的核苷酸构成反密码子,在蛋白质生物合成时,反密码环中部的三个连续的碱基可与 mRNA 的三联体密码进行碱基互补配对来识别相应的密码。另一端是氨基酸臂,是氨基酸结合的部位,在蛋白质生物合成时,起携带和转运相应氨基酸的作用。

RNA 分子在二级结构的基础上进一步折叠卷曲形成三级结构,tRNA 的三级结构呈倒 L 形(图 2-2-7)。

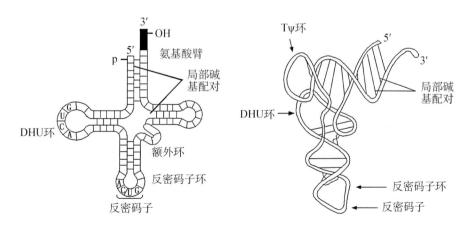

图 2-2-7　tRNA 的二级、三级结构

重点提示

1. 核酸的一级结构是指核酸分子中核苷酸的排列顺序。

2. DNA 的二级结构是双螺旋结构,其结构的稳定横向靠互补碱基的氢键维系,纵向靠碱基堆积力维系。三级结构是超螺旋结构。

3. RNA 可分为三类:mRNA、tRNA、rRNA。其中 tRNA 的二级结构为三叶草形,三级结构为倒 L 形。

四、几种重要的核苷酸

核苷酸除了构成核酸之外,还有一些以游离形式存在,其含量虽少,但却在生物体内有非常重要的生理功能。

(一) 多磷酸核苷酸

生物体内的核苷酸大多是一磷酸核苷(NMP),核糖或脱氧核糖第五位碳原子上的磷酸基可进一步磷酸化,生成二磷酸核苷(NDP)和三磷酸核苷(NTP)。人体中最重要也最常见的是一磷酸腺苷(AMP)、二磷酸腺苷(ADP)和三磷酸腺苷(ATP)(图 2-2-8)。

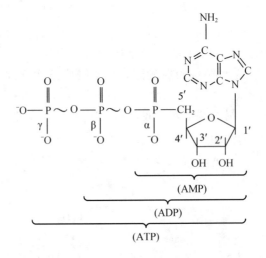

图 2-2-8 多磷酸核苷酸

(二) 环化核苷酸

ATP 和 GTP 可分别被环化酶催化生成环腺苷酸(cAMP)(图 2-2-9)和环鸟苷酸(cGMP)(图 2-2-10),它们是生物体内两种重要的环化核苷酸。这两种环化核苷酸在组织细胞内分布广泛,作为激素的第二信使在细胞信号传导过程中起重要调控作用。

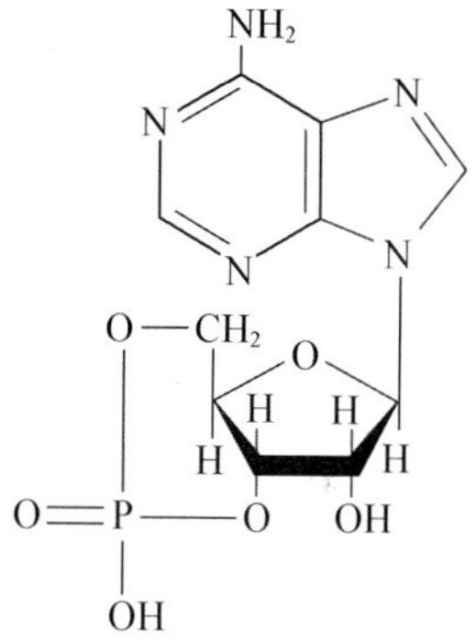

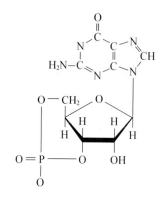

图 2-2-9 环腺苷酸

图 2-2-10 环鸟苷酸

(三)辅酶类核苷酸

一些辅酶或辅基属于核苷酸类衍生物。尼克酰胺腺嘌呤二核苷酸(辅酶Ⅰ,NAD^+)和尼克酰胺腺嘌呤二核苷酸磷酸(辅酶Ⅱ,$NADP^+$)都是腺嘌呤与尼克酰胺组成化合物;黄素单核苷酸(FMN)是异咯嗪、核醇和磷酸组成的化合物,黄素腺嘌呤二核苷酸(FAD)是由黄素单核苷酸与腺嘌呤核苷酸组成的化合物。辅酶 A(CoA-SH)是由腺嘌呤、氨基乙硫醇和叶酸组成的化合物,它们在糖、脂肪和蛋白质等物质代谢中起着重要的作用。

讨论与思考

1. 解释蛋白质的两性电离和等电点。
2. 蛋白质变性有何临床意义?
3. 试比较 DNA 和 RNA 的异同点。

(陆彩凤)

第 **3** 章

酶

学习要点

1. 酶的概念和酶促反应的特点
2. 酶的化学组成、必需基团及活性中心
3. 酶原、酶原激活的概念和酶原激活的本质及生理意义
4. 影响酶促反应速度的因素
5. 酶与疾病的发生、诊断和治疗的关系。

生命的基本特征之一是新陈代谢,而体内的新陈代谢又是通过不断、有序的各种化学反应来完成的。这些化学反应在生物体内温和的条件下,能高效和特异地进行,是缘于生物体内存在着一类极为重要的物质——酶(E)。生物体内新陈代谢的一系列化学反应都是在酶的催化下完成的,而代谢的调控也是通过改变酶的活性来实现的,任何一种酶的质和量的差异都会导致不同程度的物质代谢障碍,甚至引起疾病。

酶是由活细胞产生的具有催化作用的蛋白质,也称生物催化剂。绝大多数酶的化学本质是蛋白质。近年来发现有少数核酸也具有催化活性,如核酶,其化学本质是 RNA,主要参与RNA 的剪接。本章只讨论化学本质是蛋白质的酶。

由酶催化的反应称为酶促反应。在酶促反应中,被酶催化的物质称为底物(S),反应生成的物质称为产物(P)。酶促反应可用式子表示:

$$S \overset{E}{\longleftrightarrow} P$$

在反应中,酶具有的催化能力称为酶的活性,若酶失去了这种催化能力称为酶的失活。本章将主要介绍酶的组成、结构与功能、影响酶促反应的各种因素及酶与医学之间的紧密联系等基本知识。

第一节 酶的化学本质与组成

一、酶的化学组成

根据酶的组成成分不同可将酶分为单纯酶和结合酶两大类。

(一)单纯酶

仅含有蛋白质的酶,其水解产物只有氨基酸,如脲酶、某些蛋白酶、淀粉酶、脂肪酶、核酸酶等。

(二)结合酶

生物体内多数酶属于这一类,即由蛋白质和非蛋白质两部分共同组成。其中蛋白质部分称为酶蛋白,非蛋白质部分称为辅助因子。酶蛋白与辅助因子结合在一起称为全酶,而它们单独存在时均无活性,只有结合成全酶才具有催化活性。

一种酶蛋白只能和一种辅助因子结合成一种特异性的全酶,而一种辅助因子可以和不同种酶蛋白结合成不同特异性的全酶。其中酶蛋白主要决定反应的特异性,而辅助因子主要决定反应的种类和性质,即传递电子、原子或某些化学基团的作用。

辅助因子按其与酶蛋白结合的紧密程度不同可分为辅酶和辅基。辅酶与酶蛋白结合疏松,仅通过透析或超滤等物理方法就可除去;而辅基与酶蛋白结合紧密,不能用透析或超滤等方法将其去除。因此,在酶促反应中辅酶作为底物接受质子或基团后离开酶蛋白,参与另一酶促反应并将所携带的质子或基团转移出去。辅基则在反应中不能离开酶蛋白。

辅助因子按结构可分为两类,一类是金属离子,如:Cu^{2+}、Zn^{2+}、Mg^{2+}、Mn^{2+}、Fe^{2+}、K^+等,它们多为酶的辅基;另一类是小分子有机化合物,其中有的属于辅酶(如 NAD^+、$NADP^+$等),有的属于辅基(如 FAD、FMN、生物素等),它们大多都是 B 族维生素的衍生物。

二、酶与维生素的关系

维生素是维持机体正常生理功能所必需的一类小分子有机化合物。它们既不参与机体组织的构成,也不氧化供能,但有许多维生素参与酶的组成,因此维生素在物质代谢中起着重要的作用。尽管生物体每日对维生素的需要量很少,仅以微克或毫克计算,但缺乏易导致相应的疾病。

根据溶解度不同,维生素分为脂溶性维生素和水溶性维生素两大类。脂溶性维生素包括维生素 A、D、E、K,是疏水性化合物,不溶于水,能溶解于脂类,常随脂类物质的吸收而吸收,在体内主要储存于肝。脂类吸收障碍或长期摄入缺乏脂溶性维生素的食物均可引起相应的缺乏症,相反,摄入过多易发生脂溶性维生素中毒。水溶性维生素包括 B 族维生素(B_1、B_2、PP、B_6、B_{12}、叶酸、泛酸和生物素)和维生素 C。此类维生素溶于水,易排泄,在体内很少蓄积,一般不发生中毒现象,但供给不足时往往导致缺乏症。

B 族维生素是体内重要酶的辅酶或辅基的组成部分,因此 B 族维生素的缺乏可直接影响某些酶的活性(表 3-1)。

表 3-1 酶与 B 族维生素的关系

结合酶	辅酶(或辅基)	所含维生素	传递的基团
α-酮酸脱羧酶	TPP(焦磷酸硫胺素)	维生素 B_1(又名硫胺素)	醛基
黄素酶	FMN(黄素单核苷酸) FAD(黄素腺嘌呤二核苷酸)	维生素 B_2(又名核黄素)	氢原子
脱氢酶	NAD^+(辅酶Ⅰ,尼克酰胺腺嘌呤二核苷酸) $NADP^+$(辅酶Ⅱ,尼克酰胺腺嘌呤二核苷酸磷酸)	维生素 PP(包括尼克酸和尼克酰胺)	氢原子和电子
转氨酶	磷酸吡哆醛	维生素 B_6(包括吡哆醇、吡哆醛和吡哆胺)	氨基($-NH_2$)
转酰基酶	CoA(辅酶 A)	泛酸	酰基
一碳单位转移酶	FH_4(四氢叶酸)	叶酸	一碳单位
羧化酶	生物素	生物素	CO_2
转甲基酶	甲基钴胺素	维生素 B_{12}(又名钴胺素)	甲基

重点提示

1. 酶是由活细胞产生的具有催化作用的蛋白质。绝大多数酶的化学本质是蛋白质。

2. 根据酶的组成成分不同可将酶分为单纯酶和结合酶。单纯酶是仅由肽链构成的酶。结合酶由酶蛋白和辅助因子组成,其中酶蛋白决定酶的特异性;而辅助因子决定反应的种类和性质。

3. 酶蛋白与辅助因子结合形成的复合物称为全酶,只有全酶才有催化活性。一种辅助因子可与多种酶蛋白结合;而一种酶蛋白只能与一种辅助因子结合。

4. B 族维生素是体内某些酶的辅助因子的组成部分,因此,缺乏 B 族维生素可影响这些酶的活性。

三、酶促反应的特点

酶是一类生物催化剂,与一般催化剂一样,在化学反应前后没有质和量的改变,只能加速热力学上允许进行的化学反应,能加快反应的进程却不改变反应的平衡常数。酶又具有不同于一般催化剂的特点:

(一)极高的催化效率

酶的催化效率是一般催化剂的 $10^7 \sim 10^{13}$ 倍,而且需要的反应条件温和,如:脲酶催化尿素的水解速度是 H^+ 催化作用的 $7×10^{12}$ 倍。酶之所以有极高的催化效率是因为在反应中通过酶与底物形成酶-底复合物(ES),可大大降低反应所需要的活化能,使反应速度加快。

$$E+S \longleftrightarrow ES \longleftrightarrow E+P$$

(二)高度的特异性

酶对其催化的底物具有较严格的选择性,即一种酶只催化某一种或某一类底物生成一定的产物,这种现象称为酶的特异性或专一性。根据酶对底物选择的严格程度不同,酶的特异性可分为以下三种类型。

1. 绝对专一性 是指一种酶只能催化一种底物发生化学反应,如:脲酶只能催化尿素水解;淀粉酶只能催化淀粉水解;蛋白酶只能催化蛋白质水解。

2. 相对专一性 是指一种酶可催化一类化合物或一种化学键发生化学反应,如:磷酸酶对一般的磷酸酯键都有水解作用。蔗糖酶不仅催化蔗糖水解,也可催化棉子糖水解。

3. 立体异构专一性 是指一种酶只能催化立体异构物中的一种底物发生化学反应,如:L-乳酸脱氢酶只能催化 L-乳酸脱氢,而对 D-乳酸无作用。

(三)高度的敏感性

酶的化学本质主要是蛋白质,一切能使蛋白质发生变性的理化因素均可使酶发生变性,从而导致酶活性的丧失。因此,酶促反应往往是在常温、常压和接近中性的条件下进行的。在临床上酶制剂的保存和酶活性的测定均需要选择最合适的环境条件,以保证酶发挥最大的催化活性。

(四)酶促反应的可调节性

酶含量、酶活性以及酶分布的调节均受多种因素的调控,使机体适应内外环境的变化和满足生命活动的需要。

第二节 酶的结构与功能

一、酶的活性中心与必需基团

在酶分子中,氨基酸残基的侧链上含有许多不同的化学基团,如—NH_2、—COOH、—SH、—OH 等,其中与酶的活性密切相关的基团称为酶的必需基团。有些必需基团在一级结构上可能相距很远,但在空间结构上彼此靠近,集中在一起形成具有一定空间结构的区域,能与底物特异性结合并将底物转变成产物,这一区域称为酶的活性中心(图 3-2-1)。

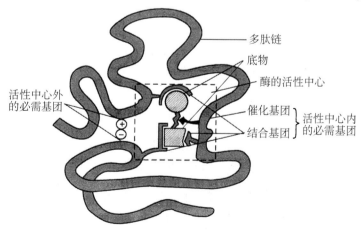

图 3-2-1 酶的活性中心示意图

酶活性中心的必需基团有两种,一种是结合基团,即能识别底物并与之结合形成酶-底复合物的基团;另一种是催化基团,即能将底物转变成产物的基团。在活性中心外还有一些基团能维持酶分子的空间结构,称为酶活性中心外的必需基团,如二硫键(S-S)。

不同酶分子活性中心的结构是不同的,它只能结合与之相适应的底物,发生一定的化学反应,说明了酶催化作用的特异性。

二、酶原与酶原的激活

一些酶在细胞内合成和初分泌时并无催化活性。这种无活性的酶的前体称为酶原。在一定的条件下,无活性的酶原转变成有活性的酶的过程称为酶原的激活。其实质是酶的活性中心形成或暴露的过程。人体内与消化作用、凝血作用等有关的蛋白酶在分泌时是以酶原形式存在的。

现以胰蛋白酶原的激活为例说明酶原的激活过程。当机体进食时,胰腺分泌胰蛋白酶原进入小肠,在肠激酶的作用下,从 N 端水解掉一个六肽,酶分子的结构发生改变,形成酶的活性中心,从而无活性的胰蛋白酶原被激活成为有催化活性的胰蛋白酶(图 3-2-2)。

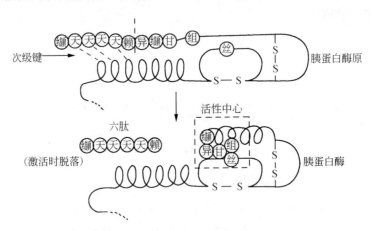

图 3-2-2　胰蛋白酶原激活过程

酶原激活具有重要的生理意义。蛋白酶以酶原形式分泌,既能保护组织器官本身不被酶水解破坏,防止组织自溶,又可使酶到达特定部位发挥催化作用,保证体内代谢过程的正常进行。如果胰蛋白酶原在胰腺组织就被激活,胰蛋白酶必将破坏胰腺中的蛋白和血管,严重者可引起致命的出血性胰腺炎。又如血液中含有凝血酶原,在通常情况下不会被激活,也就无血液凝固的发生,保障血液通畅运行。一旦血管破损,凝血酶原被激活成凝血酶,血液发生凝固,阻止机体大量失血,保护机体免受伤害。

三、同 工 酶

同工酶是指催化相同的化学反应,但酶蛋白的分子结构、理化性质和免疫特征等并不相同的一组酶。现已发现数百种同工酶,有的同工酶测定已用于某些疾病的辅助诊断,如乳酸脱氢酶(LDH)、肌酸激酶(CK)等。

(一) 乳酸脱氢酶 (LDH)

LDH 是最先发现的同工酶, 它有心肌型 (H) 和骨骼肌型 (M) 两种亚基。这两种亚基以不同的比例组成五种同工酶 (四聚体) (图 3-2-3) : LDH_1 (H_4)、LDH_2 (H_3M)、LDH_3 (H_2M_2)、LDH_4 (HM_3)、LDH_5 (M_4), 而且它们在各器官组织中的分布与含量不同 (表 3-2)。五种 LDH 都可催化乳酸脱氢生成丙酮酸的反应。

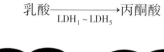

$$乳酸 \xrightarrow[LDH_1 \sim LDH_5]{} 丙酮酸$$

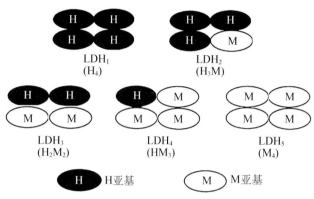

图 3-2-3 乳酸脱氢酶同工酶结构

LDH 同工酶在各器官中的分布和含量不同, 有助于某些疾病的诊断和预后观察, 如:心肌中 LDH_1 含量丰富, 肝中以 LDH_5 为主, 而血清中 $LDH_1 \sim LDH_5$ 的含量均较低。当急性心肌梗死或心肌细胞损伤时, 细胞内的 LDH_1 释放入血, 血清同工酶谱分析 LDH_1 明显增高; 而急性肝炎患者的血清 LDH_5 含量升高明显。

表 3-2 人体不同组织器官 LDH 同工酶谱 (活性%)

LDH 同工酶	红细胞	血清	心肌	肝	肾	肺	脾	骨骼肌
LDH_1	43	27	73	2	43	14	10	0
LDH_2	44	34.7	24	4	44	34	25	0
LDH_3	12	20.9	3	11	12	35	40	5
LDH_4	1	11.7	0	27	1	5	20	16
LDH_5	0	5.7	0	56	0	12	5	79

(二) 肌酸激酶 (CK)

CK 是由 M 型 (肌型) 和 B 型 (脑型) 两个不同亚基组成的二聚体, 有三种同工酶形式, 它们存在于不同的组织中。CK_1 (BB) 主要存在于脑组织中, CK_2 (MB) 仅存在于心肌中, 而 CK_3 (MM) 主要存在于骨骼肌中。血清中 CK 主要是 CK_3, 几乎不含 CK_2。因此 CK 同工酶是对心肌、骨骼肌和脑组织疾病鉴别诊断的重要生化指标。脑损伤时, 血清 CK_1 含量增高; 急性心肌梗死时, 血清中 CK_2 含量显著升高; 骨骼肌损伤时, 血清中 CK_3 含量增高。因此, CK_2 常作为临床早期诊断心肌梗死的辅助生化指标。

重点提示

1. 酶促反应具有"三高一调"特点：即极高的催化效率、高度的特异性、高度的敏感性、酶促反应的可调节性。

2. 酶的活性中心是指酶分子上必需基团彼此靠近，形成一个能与底物特异性结合并将底物转变成产物的特定空间区域。

3. 酶在细胞内合成和初分泌时并无催化活性，当暴露或形成活性中心后可转变成有活性的酶。

4. 同工酶是催化相同的化学反应，但酶蛋白的分子结构、理化性质和免疫特征等并不相同的一组酶，如乳酸脱氢酶(LDH)、肌酸激酶(CK)。它们可用于某些疾病的辅助诊断。

第三节　影响酶促反应速度的因素

影响酶促反应速度的因素有：酶浓度、底物浓度、温度、pH、激活剂和抑制剂等。

一、酶浓度的影响

酶促反应中，在最适条件下，当底物浓度[S]足够大时，酶促反应速度与酶浓度[E]成正比(图 3-3-1)，即酶浓度越高，酶促反应速度越快。

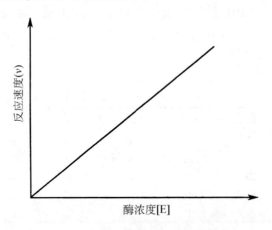

图 3-3-1　酶浓度对酶促反应速度的影响

二、底物浓度的影响

在酶浓度、pH、温度等条件不变的情况下，底物浓度[S]对酶促反应速度的影响呈矩形双曲线(图 3-3-2)。

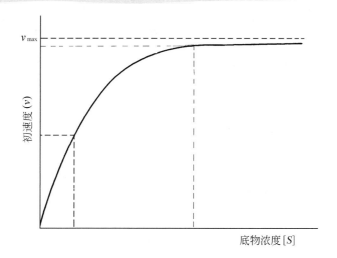

图 3-3-2 底物浓度对酶促反应速度的影响

当[S]很低时,反应速度随[S]的增加而加快,两者呈正比关系。

随着[S]继续增加,但酶活性中心未全被底物结合时,反应速度仍可加快,但趋势渐缓,两者不呈正比关系。

当[S]增加到一定程度,酶的活性中心已全被底物结合,此时再增加[S],反应速度不再增加,达到最大反应速度 v_{max}。

三、温度的影响

温度对酶促反应速度的影响具有双重性,呈钟罩形曲线(图 3-3-3)。当温度很低时,酶的催化活性很低。若逐渐升高温度,酶促反应速度加快。当温度升高到一定程度时,其反应速度达到最大。因此,酶促反应速度达到最大时的环境温度称为酶促反应的最适温度。人体大多数酶的最适温度在 37~40℃,当机体发热时,酶的活性增强,机体的代谢速度也加快。当温度超过 40℃时,酶蛋白分子逐渐变性,酶促反应速度也逐渐减慢。绝大多数的酶在 60℃以上变性,80℃时则发生不可逆的变性,高温灭菌就是利用这一原理。

酶的活性虽然随温度的下降而降低,但低温不会使酶发生变性。当温度回升后酶又可以恢复活性。临床上的低温麻醉便是利用这一特性以减慢组织细胞的

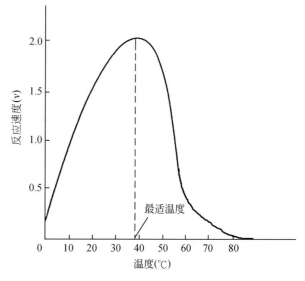

图 3-3-3 温度对酶促反应速度的影响

代谢速度,提高机体对组织缺氧和营养物质的耐受性。低温保存菌种也是这一原理。

四、pH 的影响

一种酶在不同的 pH 条件下活性不同,酶促反应速度达到最大时的环境 pH 称为酶的最适 pH(图 3-3-4)。生物体内大多数酶的最适 pH 接近中性(6.5~8.0),但也有例外,如胃蛋白酶的最适 pH 为 1.5~2.0;胰蛋白酶的最适 pH 为 7.8~8.7。当环境的 pH 高于或低于最适 pH 时,酶的活性降低,远离最适 pH 时会导致酶的变性失活。因此,在测定酶的活性时,应选用适宜的缓冲液以保持酶活性的相对恒定。

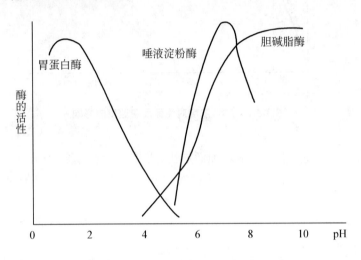

图 3-3-4 pH 对酶促反应速度的影响

五、激活剂的影响

凡能增强酶的活性,加快酶促反应速度的物质称为激活剂。激活剂大多数为无机离子,如 K^+、Na^+、Mg^{2+}、Mn^{2+}、Cl^- 等。如:H^+ 是胃蛋白酶的激活剂,Mn^{2+} 是磷酸激酶的激活剂,Cl^- 是淀粉酶的激活剂。也有少数有机化合物激活剂,如胆汁酸盐是脂肪酶的激活剂。

六、抑制剂的影响

凡能使酶的活性下降而不引起蛋白质变性的物质称为酶的抑制剂(I)。抑制剂主要是与酶分子上的必需基团结合,特别是活性中心内的必需基团,从而引起酶活性的改变。

根据抑制剂与酶结合的紧密程度不同,酶的抑制作用可分为不可逆性抑制作用和可逆性抑制作用。

(一) 不可逆性抑制作用

不可逆性抑制作用是指抑制剂与酶活性中心上的必需基团以共价键结合,使酶的活性降低的作用。这类抑制剂不能以物理的透析或超滤等方法去除,但可用某些化学方法去除,以恢复其活性。

1. 对羟基酶的抑制作用 如有机磷农药中毒的中毒机制如下。

乙酰胆碱(Ach)是胆碱能神经末梢分泌释放的神经递质。在正常情况下,释放的 Ach 完成其生理功能后,迅速被存在突触间隙中的乙酰胆碱酯酶(AchE)水解而失去作用。当发生敌敌畏、敌百虫(美曲膦酯)等有机磷农药中毒时,AchE 活性中心上的羟基(—OH)与有机磷紧密结合形成磷酰化胆碱酯酶,导致 AchE 的活性受抑制,丧失分解 Ach 的能力,以致 Ach 大量蓄积,引起胆碱能神经过度兴奋,表现出一系列的农药中毒症状,如心率减慢、血压下降、瞳孔缩小、腹痛腹泻、流涎多汗和呼吸困难等,严重者昏迷死亡。所以有机磷农药是胆碱酯酶的不可逆性抑制剂(图 3-3-5)。

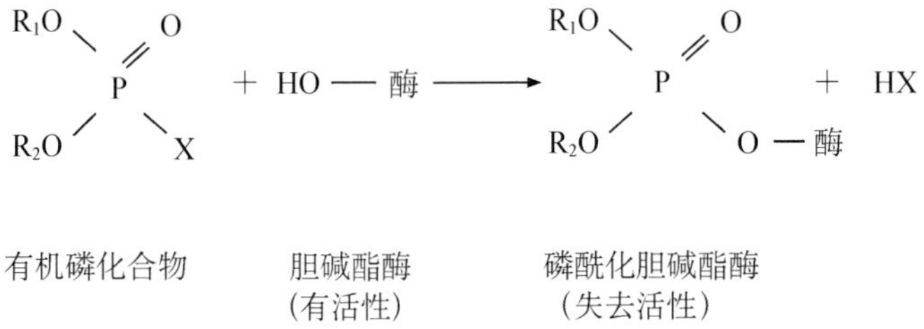

有机磷化合物　　胆碱酯酶　　磷酰化胆碱酯酶
　　　　　　　　(有活性)　　(失去活性)

图 3-3-5　有机磷化合物对羟基酶的抑制作用

解救有机磷农药中毒的有效办法是早期使用胆碱酯酶复活剂,如碘解磷定,又名解磷定(PAM)等。复活剂能夺取已和胆碱酯酶结合的有机磷的磷酰基,恢复胆碱酯酶的活性。

2. 对巯基酶的抑制　如重金属离子中毒的机制如下。

某些重金属离子如 Hg^{2+}、Pb^{2+}、Ag^+、Cu^{2+}、As^{3+}等可与巯基酶分子中的巯基(-SH)特异性结合,使巯基酶受抑制。如"二战"期间由美国研制的化学毒气"路易士气"就是一种含砷(As^{3+})的化合物,它能不可逆性地抑制体内巯基酶的活性,当时被称为"毒剂之王""死亡之露"。解救的方法可用二巯基解毒剂,如二巯基丙醇(BAL)或二巯丁酸钠。因为这些药物含有多个巯基,在体内达一定的浓度时可与毒气结合,使该酶恢复活性。

(二) 可逆性抑制作用

可逆性抑制作用是指抑制剂通过非共价键与酶和(或)酶-底复合物可逆性结合,使酶活性降低或丧失的过程,包括竞争性抑制作用和非竞争性抑制作用。这类抑制剂可用物理的透析或超滤方法去除。

1. 竞争性抑制作用　是指抑制剂与底物结构很相似,可与底物竞争同一酶的活性中心,从而阻碍酶与底物结合,达到抑制酶活性的作用。

竞争性抑制作用的特点:由于抑制剂与酶的结合是可逆的,因此抑制剂的抑制程度取决于抑制剂(I)与底物(S)浓度的相对比例。在抑制剂浓度不变的情况下,增加底物浓度能减弱或消除抑制剂的抑制作用。临床上治疗疾病的多种药物是酶的竞争性抑制剂,如:抗代谢类药物中甲氨蝶呤(MTX)、5-氟尿嘧啶(5-FU)、6-巯基嘌呤(6-MP)等,它们通过竞争性抑制嘌呤核苷酸、嘧啶核苷酸等合成酶类的活性,从而达到抑制肿瘤的目的。

竞争性抑制的典型实例是磺胺类药物的抑菌机制。某些对磺胺类药物敏感的细菌不能利用环境中的叶酸生长繁殖,只能利用菌体内的对氨基苯甲酸(PABA)为原料在二氢叶酸合成酶的作用下合成二氢叶酸(FH_2),进一步还原成四氢叶酸(FH_4),以促进细菌的生长和繁殖。磺胺类药物就是该酶的竞争性抑制剂,它的结构与菌体内的 PABA 结构相似,可竞争性地抑制菌体内的二氢叶酸合成酶,从而减少 FH_2 和 FH_4 的合成,使细菌的核酸合成受阻,从而达到抑制细菌生长繁殖的作用。

$$H_2N—\bigcirc—COOH \qquad H_2N—\bigcirc—SO_2NHR$$

对氨基苯甲酸   磺胺类药物

根据竞争性抑制作用的特点,临床上使用磺胺类药物时,需要采用首次剂量加倍的方法,保证血液中药物的有效浓度,才能提高抑菌效果。

2. 非竞争性抑制作用　是指抑制剂与底物结构不相似,不与底物竞争酶的活性中心,而是与酶的活性中心外的部位结合,从而达到抑制作用。这样底物与抑制剂之间无竞争关系。

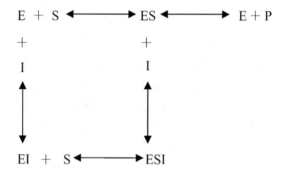

非竞争性抑制作用的特点:不能用增加底物浓度的方法减弱或消除抑制剂的抑制作用,抑制剂的抑制程度取决于抑制剂本身的浓度。

> **重点提示**
>
> 1. 影响酶促反应速度的因素:酶浓度、底物浓度、温度、pH、激活剂和抑制剂等。
> 2. 有机磷化合物能与胆碱酯酶活性中心结合,从而使酶失活。因此,有机磷农药是胆碱酯酶的不可逆性抑制剂。
> 3. 磺胺类药物抑菌机制是竞争性抑制作用。

第四节　酶与医学的关系

酶是生物体内物质代谢有条不紊地进行从而维持正常生命活动的必要条件。各种因素引起先天性酶缺陷、结构异常或后天引起的酶活性改变等均可使机体物质代谢失常而发生疾病,甚至危及生命。同时,临床上酶含量的测定对某些疾病的诊断提供了帮助。

一、酶与疾病的发生

现已知某些疾病的发生是由于酶的缺陷或活性受到抑制所致,如先天性缺乏苯丙氨酸羟化酶可引起苯丙酮尿症;缺乏酪氨酸酶可引起白化病;6-磷酸葡萄糖脱氢酶缺乏可引起蚕豆病等。酶的缺陷引起的疾病一般多为遗传病。酶的活性也受到某些环境的影响而受抑制,如前述的重金属盐中毒、有机磷农药中毒等。

二、酶与疾病的诊断

在生理状态下,体液中的酶含量和酶活性均在稳定的范围内。某些疾病可引起血、尿等体液中酶的含量和活性的改变。通过对血、尿等体液中某些酶活性的测定,可以反映某些器官组织的疾病状况并有助于临床上疾病的诊断。

(一)引起酶活性改变的因素

1. 组织器官损伤或坏死及膜通透性升高都能使细胞内的酶大量释放入血,如:心肌梗死时,血清中 LDH_1 和 CK 含量升高;急性胰腺炎时,血清淀粉酶(AMS)和尿淀粉酶(UAMS)含量均增高;急性肝炎时,血清中丙氨酸氨基转移酶(ALT)升高等。

2. 酶的合成加快或酶的排泄障碍时,血清酶含量升高,如:骨肉瘤和佝偻病患者血清中的碱性磷酸酶含量增加;前列腺癌患者血清中酸性磷酸酶含量增加;肝硬化时血清碱性磷酸酶不能及时被清除可影响血清碱性磷酸酶的排泄,可造成血清中此酶浓度明显升高。

3. 酶的合成障碍可使血浆中酶活性降低。如肝功能严重障碍时,肝合成的酶(凝血酶原、凝血因子Ⅶ等)的含量均下降。

(二)酶活性的检测

临床上通过检测血清中某些酶的活性来协助诊断某些疾病,如:心肌酶是存在于心肌中多种酶的总称,包括肌酸激酶(CK)、肌酸激酶同工酶(CK-MB)、天冬氨酸氨基转移酶(AST)、乳酸脱氢酶($LDH-H_4$)和 α-羟丁酸脱氢酶(α-HBDH)等,通常将这些与心肌损伤相关的酶合称为心肌酶谱。心肌损伤或坏死后这些酶都有不同程度的增高,故临床上检测心肌酶谱动态改变对诊断心绞痛或心肌梗死有一定的价值。

三、酶与疾病的治疗

(一)促进消化

如胃蛋白酶、胰蛋白酶、胰淀粉酶、胰脂肪酶等都可用于促进消化。

(二)消炎抑菌

溶菌酶可缓解炎症,促进消肿;糜蛋白酶能迅速分解变性蛋白质,可用于外科清创或烧伤病人痂垢的清除,也可防治浆膜的粘连,雾化吸入还可稀释痰液便于咳出等;磺胺类药物通过酶的竞争性抑制机制起消炎抑菌作用。

(三)防治血栓和动脉粥样硬化

链激酶、尿激酶和纤溶酶均可溶解血栓,防止血栓形成,在临床上可用于脑血栓、心肌梗死等疾病的防治;弹性蛋白酶可用于治疗高脂蛋白血症,防治动脉粥样硬化症。

(四)治疗肿瘤

6-巯基嘌呤、5-氟尿嘧啶、甲氨蝶呤等抗代谢药物均是通过竞争性抑制作用阻碍肿瘤细胞的繁殖,临床上用于抗肿瘤治疗。

讨论与思考

1. 患者,女性,54岁,因与家人争执后服用敌敌畏 100ml。服用后自觉头晕,恶心,并伴有腹痛,呕吐,呕吐物有刺鼻的大蒜臭味。服药后家属立即发现并送其到当地医院就诊,辅助检查诊断为有机磷农药中毒。经催吐洗胃、硫酸镁导泻,并予阿托品 5ml 静脉推注,碘解磷定 2g 肌内注射,反复给药补液和利尿等对症支持治疗后情况好转。

(1)有机磷农药中毒的生化机制是什么?

(2)有机磷化合物对酶的抑制作用属于哪种类型? 有何特点?

(3)碘解磷定解毒的生化机制是什么?

(4)催吐洗胃、硫酸镁导泻、阿托品和碘解磷定的使用、反复给药补液和利尿等对症支持治疗的根据是什么?

2. 患者,男性,55岁。晨起锻炼时突发心前区疼痛,伴胸闷,含服硝酸甘油后疼痛有所缓解。在家休息 1d 后心前区疼痛持续加重,有压榨感,含服硝酸甘油后疼痛不能缓解,伴有烦躁不安、出汗、呼吸困难甚至神志不清。被家人送至医院后行心电图、血清学等检查。心电图示病理性 Q 波。实验室检查:WBC $20×10^9$/L,其中 N 占 90%,L 占 5%;ESR 50mm/h;血[K^+] 6.3mmol/L。心肌酶谱检查:CK 2890U/L;CK-MB 251U/L;AST 230U/L;ALT 70U/L;LDH 562U/L;α-羟丁酸脱氢酶(α-HBDH)530U/L。其余检查均正常。诊断结果提示:心肌梗死。

(1)LDH 催化化学反应是什么?

(2)为什么心肌梗死后血清中的 CK、CK-MB、AST、ALT、LDH 和 α-HBDH 等指标均升高?

(3)正常血清中 LDH 和 CK 的同工酶有多少种? 在所有疾病中它们是否同样地呈比例升高? 为什么?

(周　玲)

第 4 章

生 物 氧 化

学习要点

1. 生物氧化的概念及特点
2. 呼吸链的概念,呼吸链的组成成分
3. 线粒体内两条重要的呼吸链及排列顺序
4. 体内 ATP 生成的两种方式,影响氧化磷酸化的因素
5. 生物氧化中 CO_2 的生成

糖、脂肪及蛋白质等营养物质在体内彻底氧化分解生成二氧化碳和水,并释放能量的过程称为生物氧化。由于此过程是在组织细胞内进行,伴随氧的利用和二氧化碳的生成,故又称为细胞呼吸或组织呼吸。

生物氧化与体外物质氧化或燃烧的化学本质是相同的,均是消耗氧、生成二氧化碳和水并释放能量的过程。但是机体的生物氧化又有其特点:①反应条件温和:生物氧化是在体温 37℃ 及 pH 近中性的体液环境中进行的酶促反应。②能量逐步释放:生物氧化所释放的能量一部分以化学能的形式储存在高能化合物(主要是 ATP)中,另一部分以热能的形式散发以维持体温。③有机酸脱羧生成二氧化碳:生物氧化中产生的二氧化碳不是有机物中所含碳与氧的直接化合,而是来自有机酸的脱羧反应。④代谢物脱氢经呼吸链生成水:体内物质氧化主要以脱氢、脱电子的方式进行,而不是直接被氧气所氧化,代谢物氧化脱下的氢通过呼吸链传递给氧生成水。本章主要介绍生物氧化过程中水、CO_2 及 ATP 的生成。

第一节　线粒体生物氧化体系

线粒体是生物氧化的重要场所。在线粒体内膜上按一定顺序排列着一些由酶和辅酶构成的传递体(递氢体和递电子体),它们能将代谢物脱下的一对氢原子(2H)通过连锁反应逐步传递,最终与氧结合生成 H_2O。这种由递氢体和递电子体依次构成的与细胞利用氧密切相关的连锁反应体系称为呼吸链,又称电子传递链。

一、呼吸链的组成及作用

呼吸链的组成成分可分为五大类:

(一)尼克酰胺腺嘌呤二核苷酸(NAD$^+$)或称辅酶Ⅰ

NAD$^+$为体内多种不需氧脱氢酶的辅酶,其分子中的尼克酰胺部分即维生素PP能进行可逆的加氢和脱氢反应。尼克酰胺在加氢反应时只能接受1个氢原子和1个电子,将另一个H$^+$游离出来,因此将还原型的尼克酰胺腺嘌呤二核苷酸写成NADH+H$^+$(NADH),NAD$^+$为递氢体。

(二)黄素蛋白(FP)

黄素蛋白又称黄素酶,辅基有两种:黄素单核苷酸(FMN)和黄素腺嘌呤二核苷酸(FAD)。两者均含维生素B$_2$(核黄素),其异咯嗪环能进行可逆的加氢和脱氢反应,为递氢体。

(三)辅酶Q(CoQ)

CoQ是一类脂溶性醌类化合物,因广泛存在于生物界,又名泛醌。其分子中的苯醌结构能可逆地加氢和脱氢,故CoQ也属于递氢体。

(四)铁硫蛋白(Fe-S)

分子中含有非血红素铁和对酸不稳定的硫,故常简写为Fe-S形式。在线粒体内膜上,常与其他递氢体或递电子体构成复合物,铁原子能进行可逆反应(Fe^{2+}↔Fe^{3+}+e)传递电子,为递电子体。

(五)细胞色素(Cyt)体系

细胞色素是一类以铁卟啉为辅基的结合蛋白质,铁原子能进行可逆反应(Fe^{2+}↔Fe^{3+}+e)传递电子,也为递电子体。参与呼吸链组成的细胞色素有Cyt b、Cyt c$_1$、Cyt c、Cyt a、Cyt a$_3$,由于Cyt a和Cyt a$_3$结合紧密,很难分开,常统称为Cyt aa$_3$。在线粒体呼吸链中细胞色素的排列顺序是Cyt b→Cyt c$_1$→Cyt c→Cyt aa$_3$,最后由Cyt aa$_3$将电子传递给氧分子,使其激活转变成氧离子(O^{2-}),并催化与基质中的2H$^+$结合生成水,故将Cyt aa$_3$称为细胞色素氧化酶。

重点提示

1. 糖、脂肪、蛋白质等营养物质在体内彻底氧化分解生成水和二氧化碳,并释放能量的过程称为生物氧化。

2. 呼吸链是指在线粒体内膜上由递氢体和递电子体依次构成的与细胞利用氧密切相关的连锁反应体系,又称电子传递链。呼吸链的主要组成成分有:尼克酰胺腺嘌呤二核苷酸(NAD$^+$)、黄素蛋白、铁硫蛋白、辅酶Q、细胞色素体系。

二、重要呼吸链中氢与电子的传递

线粒体内重要的呼吸链有两条,即NADH氧化呼吸链和FADH$_2$氧化呼吸链。

(一)NADH氧化呼吸链

NADH氧化呼吸链是由NAD$^+$、FMN、Fe-S、CoQ、Cyt组成。体内大多数代谢物(如丙酮酸、

α-酮戊二酸、乳酸等)脱下的氢进入 NADH 氧化呼吸链,最终与氧结合生成水(图 4-1-1)。

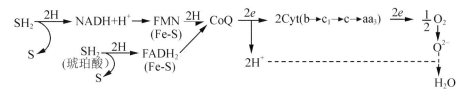

图 4-1-1　**NADH 氧化呼吸链和 FADH$_2$ 氧化呼吸链**

(二)FADH$_2$ 氧化呼吸链

FADH$_2$ 氧化呼吸链是由 FAD、Fe-S、CoQ、Cyt 组成。体内少数代谢物(如琥珀酸、脂酰 CoA 等)脱下的氢进入 FADH$_2$ 氧化呼吸链,最终与氧结合生成水(图 4-1-1)。

重点提示

　　线粒体内重要的呼吸链有两条,分别为 NADH 氧化呼吸链和 FADH$_2$ 氧化呼吸链。两条呼吸链的汇合点是 CoQ。

第二节　ATP 的生成与能量的释放及利用

营养物质氧化分解所释放的能量主要储存在高能磷酸化合物 ATP 中,ATP 是体内最主要的高能化合物,是体内一切生命活动所需能量的直接来源。

一、高能化合物

水解时可释放 20.9kJ/mol 以上能量的化学键称为高能键,用"～"符号表示。含高能键的化合物称为高能化合物。体内的高能化合物主要有以下两类。

(一)高能磷酸化合物

含有高能磷酸键(～P),如 ATP、ADP、磷酸烯醇式丙酮酸、磷酸肌酸等。

(二)高能硫酯化合物

含有高能硫酯键(～S),如乙酰辅酶 A、脂酰辅酶 A、琥珀酰辅酶 A 等。

二、ATP 的生成

体内 ATP 由 ADP 磷酸化而来,ATP 的生成方式有两种:底物水平磷酸化和氧化磷酸化。

(一)底物水平磷酸化

代谢物由于脱氢或脱水引起分子内部能量聚集产生高能键,将此高能键直接转移给 ADP 生成 ATP 的方式称为底物水平磷酸化。例如:

$$1,3 二磷酸甘油酸 + ADP \xrightarrow{\text{磷酸甘油酸激酶}} 3\text{-}磷酸甘油酸 + ATP$$

$$磷酸烯醇式丙酮酸 + ADP \xrightarrow{\text{丙酮酸激酶}} 烯醇式丙酮酸 + ATP$$

$$琥珀酸单酰 CoA + H_3PO_4 + GDP \xrightarrow{\text{琥珀酸硫激酶}} 琥珀酸 + CoA\text{-}SH + GTP$$

$$GTP + ADP \longrightarrow GDP + ATP$$

(二) 氧化磷酸化

代谢物脱氢经呼吸链传递给氧生成水的同时,释放能量可使 ADP 磷酸化生成 ATP,这种氢的氧化与 ADP 的磷酸化之间的密切偶联作用称为氧化磷酸化(图 4-2-1)。氧化磷酸化是体内 ATP 生成的主要方式。

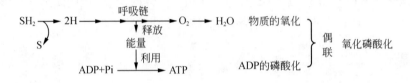

图 4-2-1 氧化磷酸化

在呼吸链氢和电子的传递过程中,释放能量可使 ADP 磷酸化生成 ATP 的偶联部位有三个,第一个偶联部位在 NADH 到 CoQ 之间,第二个偶联部位在 CoQ 到 Cytc 之间,第三个偶联部位在 Cytaa₃ 到 O₂ 之间。因此,每 2 个 H 经 NADH 氧化呼吸链传递以氧化磷酸化方式可生成 3 分子 ATP,而经 FADH₂ 氧化呼吸链传递只能生成 2 分子 ATP(图 4-2-2)。

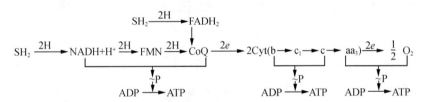

图 4-2-2 氧化磷酸化偶联部位

重点提示

1. 体内 ATP 生成方式有两种,即底物水平磷酸化和氧化磷酸化。氧化磷酸化是体内 ATP 生成的主要方式。

2. 每 2 个 H 经 NADH 氧化呼吸链传递以氧化磷酸化方式可生成 3 分子 ATP,而经 FADH₂ 氧化呼吸链传递能生成 2 分子 ATP。

三、影响氧化磷酸化的因素

(一)[ATP]/[ADP]的调节

正常机体氧化磷酸化的速率主要受[ATP]/[ADP]的调节。当机体运动量增加使 ATP 消耗增多时,[ATP]降低,[ADP]升高,导致[ATP]/[ADP]值下降,促使氧化磷酸化加快以补充 ATP;反之,氧化磷酸化减慢。这种调节有利于机体合理地利用体内能源物质,避免能源的浪费。

(二)甲状腺激素的影响

甲状腺激素能诱导细胞膜上的 Na^+,K^+-ATP 酶的生成,加速 ATP 的分解,[ATP]降低,[ADP]升高,促进氧化磷酸化的进行,ATP 生成增多。甲状腺功能亢进症的患者体内甲状腺激素水平升高,ATP 的合成与分解都增强,导致机体耗氧量和产热量都增加。因此,患者出现多食、乏力、喜冷怕热、易出汗、肌体消瘦、基础代谢率(BMR)增高的临床表现。

(三)抑制剂的作用

某些化合物对氧化磷酸化有抑制作用,根据作用机制不同,分为呼吸链抑制剂、解偶联剂和磷酸化抑制剂。

1. 呼吸链抑制剂　此类抑制剂能在特异部位阻断呼吸链中电子的传递,又称电子传递抑制剂,如粉蝶霉素 A、鱼藤酮、异戊巴比妥等可与铁硫蛋白结合,从而阻断电子由 FMN→CoQ 的传递;抗霉素 A 阻断电子从 Cytb 传向 $Cytc_1$;氰化物(CN^-)、CO、H_2S、叠氮化物(N_3^-)等阻断 $Cytaa_3$ 与 O_2 之间电子的传递,CO 主要作用于还原型细胞色素氧化酶,而氰化物和叠氮化物则作用于氧化型细胞色素氧化酶(图 4-2-3)。由于呼吸链中断,氧化磷酸化不能进行;即使组织细胞有足够的氧也不能利用,因为会造成组织严重缺氧,严重时可引起机体迅速死亡。

氰化物中毒的病例在临床上并不少见,如误食大量含有氰化物的苦杏仁、白果、桃仁、木薯等或在生产劳动中吸入含氰化物的蒸气,都可引起氰化物中毒。抢救中毒患者可吸入亚硝酸异戊酯和注射亚硝酸钠。这些药物能将血红蛋白氧化成高铁血红蛋白,后者极易与氰化物结合生成氰化高铁血红蛋白,使细胞色素氧化酶恢复功能。但由于氰化高铁血红蛋白不够稳定,数分钟后逐渐解离出氰化物,故还应再注射硫代硫酸钠,使氰化物转变为毒性较小的硫氰酸盐随尿排出体外。

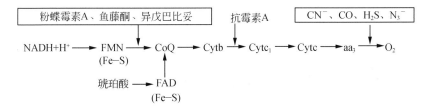

图 4-2-3　氧化磷酸化抑制剂对呼吸链的抑制作用

2. 解偶联剂　解偶联剂可使氧化与磷酸化偶联过程脱离,呼吸链中氢和电子的传递照常进行,但释放的能量不能使 ADP 磷酸化生成 ATP。如 2,4-二硝基苯酚,在此类抑制剂存在的情况下,物质氧化所释放的能量只能以热能的形式散失,机体得不到可利用的能量。感冒或患传染病时,就是因为细菌和病毒产生一种解偶联物质,使呼吸作用产生的能量较多地转化为热的形式,从而使体温升高。

3. 磷酸化抑制剂　这类抑制剂作用于 ATP 合成酶,使 ADP 不能磷酸化生成 ATP,抑制了 ATP 的合成。抑制了磷酸化也一定会反过来抑制氧化,如寡霉素等。

重点提示

影响氧化磷酸化速度的主要因素是[ATP]/[ADP]值,此外还受甲状腺激素的调节和抑制剂作用的影响。

四、ATP 的储存及利用

ATP 是体内最重要的高能化合物,体内能量的释放、利用、转移和储存都以 ATP 为中心(图 4-2-4)。

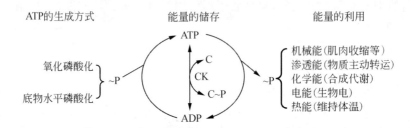

图 4-2-4　ATP 的生成、储存及作用

(一) ATP 的利用

营养物质氧化分解释放能量的同时,ADP 通过底物水平磷酸化和氧化磷酸化两种方式生成 ATP。当机体活动需要能量时,ATP 反过来分解生成 ADP 和 Pi,能量又释放出来用于完成体内各种生命活动。

(二) ATP 分子中高能键的转移

体内某些合成代谢过程需要其他三磷酸核苷提供能量,如糖原合成需要 UTP,磷脂合成需要 CTP,蛋白质合成需要 GTP。这些高能化合物中的高能磷酸键都是由 ATP 提供。

$$ATP + UDP \rightarrow ADP + UTP$$
$$ATP + CDP \rightarrow ADP + CTP$$
$$ATP + GDP \rightarrow ADP + GTP$$

(三) ATP 的储存

当体内 ATP 充足时,在肌酸激酶(CK)的催化下,ATP 可将分子中的高能磷酸键(~P)转移给肌酸(C)生成磷酸肌酸(C~P),作为脑和肌肉组织中能量的储存形式,但其所含的高能磷酸键不能直接被利用。当机体消耗 ATP 过多而致 ADP 增多时,磷酸肌酸又将高能磷酸键转移给 ADP 生成 ATP,供生命活动所需。

人体心肌代谢以有氧氧化为主,心肌内线粒体丰富,能直接利用葡萄糖、游离脂肪酸和酮体为燃料,经氧化磷酸化产生 ATP,当心肌血管受阻导致缺氧时,心肌的(C~P)及 ATP 迅速被消耗,心肌能量供给不足,易造成心肌坏死,即心肌梗死。

重点提示

体内能量的释放、利用、转移和储存均以 ATP 为中心来完成的,磷酸肌酸是 ATP 在体内的储存形式。

第三节　二氧化碳的生成

生物氧化过程中 CO_2 的生成主要来自糖、脂肪、蛋白质等分解过程中产生的有机羧酸和氨基酸的脱羧基作用。根据脱羧反应的同时是否伴有氧化(脱氢)反应,分为单纯脱羧和氧化脱羧(表 4-1)。

表4-1　脱羧方式

脱羧方式	实　例
单纯脱羧	$R-\underset{\underset{\text{氨基酸}}{\overset{\mid}{\underset{NH_2}{}}}}{CH}-COOH \xrightarrow{\text{氨基酸脱羧酶}} \underset{\text{胺}}{R-CH_2-NH_2 + CO_2}$
氧化脱羧	$\underset{\text{丙酮酸}}{CH_3COCOOH} + HSCoA \xrightarrow[\underset{NAD^+ \quad\quad NADH+H^+}{}]{\text{丙酮酸脱氢酶复合体}} \underset{\text{乙酰辅酶A}}{CH_3CO\sim SCoA + CO_2}$

重点提示

生物氧化过程中 CO_2 的生成主要来自有机酸的脱羧基作用。根据脱羧反应的同时是否伴有氧化(脱氢)反应,分为单纯脱羧和氧化脱羧。

讨论与思考

1. 比较线粒体内两条呼吸链的异同点。

2. 甲状腺功能亢进症患者一般表现为基础代谢率增高,请运用生物化学知识予以说明。

3. 病例分析

张某,男性,10 岁,因口服苦杏仁后胸闷、口唇发绀入院。体征:体温 36.3℃,脉搏 120/min,呼吸 25/min,血压 14/8kPa(1mmHg＝0.133kPa)。神志模糊,呼吸表浅,全身皮肤黏膜明显发绀,瞳孔直径 3mm,两侧等大,对光反应存在。双肺呼吸音弱,无啰音。心率 120/min,无杂音,四肢时有抽搐,生理反射存在,病理反射未引出。

立即给予洗胃、导泻后,高流量吸氧,3% 亚硝酸钠 10ml 静脉注射,随后 25% 硫代硫酸钠 50ml 静脉注射。1h 后病人病情缓解。

分析:(1)患者为何物中毒? 并解释中毒机制。

(2)解释入院后采取上述措施的原因。

(李　晖)

第5章

糖 代 谢

学习要点
1. 糖酵解的概念、关键酶及生理意义
2. 糖有氧氧化的概念、进行部位及生理意义
3. 磷酸戊糖途径的生理意义
4. 糖异生的概念、关键酶及生理意义
5. 血糖的来源与去路、血糖浓度的调节、高血糖与低血糖的概念

机体生命活动的进行需要能量供应,人体所需能量的 50% ~ 70% 由糖氧化分解供给。糖的主要生理功能是氧化供能。此外,糖是构成组织细胞的重要成分和某些生物活性物质的组成成分。

食物中的糖主要是淀粉,还有少量的二糖,如蔗糖、麦芽糖、乳糖等。糖经消化道水解酶类的作用分解成单糖(主要是葡萄糖)后,才能被机体吸收,进入血液的葡萄糖可被全身的各个组织细胞摄取利用。吸收入体内的葡萄糖,经门静脉入肝,其中一部分在肝中进行糖原的合成与分解及糖异生作用,以此来维持血糖浓度的相对恒定;一部分经肝静脉入体循环,运输到全身各组织进行代谢。

糖在体内的代谢包括分解代谢与合成代谢,机体通过精密调节以维持它们之间的代谢平衡,从而维持血糖浓度的正常水平,一旦这个平衡被破坏,将会引起血糖浓度的改变,影响机体的生理功能。葡萄糖是体内糖的主要存在形式,是糖代谢的核心,本章主要以葡萄糖为例讲解糖代谢。

第一节　糖的分解代谢

糖在体内分解代谢途径主要有三条,即糖的无氧氧化、有氧氧化和磷酸戊糖途径。

一、糖的无氧氧化

机体在氧供给不足时,体内组织细胞中的葡萄糖或糖原分解为乳酸,并生成少量能量的过

程称为糖的无氧氧化。由于此过程与酵母菌的生醇发酵过程相似,故又称为糖酵解。

(一) 糖酵解的反应过程

糖酵解的反应过程分为两个阶段:第一阶段是由葡萄糖或糖原分解成丙酮酸的过程;第二阶段是由丙酮酸还原为乳酸的过程。以下为糖酵解的反应过程(图 5-1-1)。

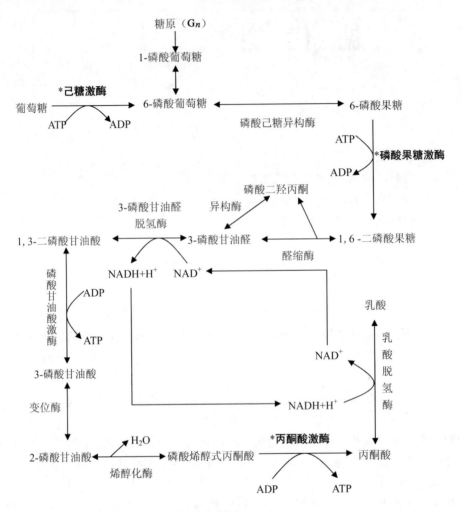

图 5-1-1 糖酵解的反应过程

注:图中加 * 的酶为糖酵解过程中的关键酶

糖酵解的总反应式如下:

$$C_6H_{12}O_6+2ADP+2Pi \longrightarrow 2C_3H_6O_3(乳酸)+2ATP+2H_2O$$

(二) 糖酵解要点

(1)糖酵解的反应部位是组织细胞的细胞液,反应条件是氧供给不足,终产物是乳酸。

(2)3-磷酸甘油醛脱氢生成的 $NADH+H^+$,在乳酸脱氢酶的作用下,2H 由丙酮酸接受还原成乳酸。

(3)从 1 分子葡萄糖开始,经糖酵解生成 2 分子乳酸的过程中,有两步耗能反应,共消耗 2

分子 ATP；两步产能反应，共产生 4 分子 ATP，可净生成 2 分子 ATP。如果从糖原开始，可净生成 3 分子 ATP。

（4）己糖激酶、磷酸果糖激酶、丙酮酸激酶是糖酵解过程中的三个关键酶，它们催化的反应是不可逆反应，调节这 3 个酶的活性可影响糖酵解的反应速度与方向。

（三）糖酵解的生理意义

（1）糖酵解的主要生理意义是机体在缺氧情况下迅速获得能量以供急需的有效方式，尤其对肌肉收缩更为重要。

（2）有些组织如肿瘤细胞、睾丸、视网膜等组织细胞，即使在有氧情况下，也主要依靠糖酵解获得能量。恶性变细胞在有氧时，糖酵解仍然十分旺盛。

（3）成熟红细胞因缺乏线粒体不能依靠糖的有氧氧化获得能量，所需能量的 90% ～ 95% 来自于糖酵解。

（4）糖酵解的终产物是乳酸。剧烈运动后积累在肌肉中的乳酸可由血液运至肝转变为葡萄糖。在某些病理情况下，例如严重贫血、大量失血、呼吸障碍、循环障碍等，均因氧供给不足使糖酵解过程加强，乳酸堆积而发生酸中毒。

> **重点提示**
>
> 1. 糖的主要生理功能是氧化供能。
> 2. 糖酵解的反应部位是细胞液，终产物为乳酸。
> 3. 糖酵解过程中的三个关键酶是己糖激酶、磷酸果糖激酶、丙酮酸激酶。

二、糖的有氧氧化

葡萄糖或糖原在有氧情况下彻底氧化成 CO_2 和 H_2O 并释放大量能量的过程称为糖的有氧氧化。因糖的有氧氧化释放的能量远大于糖酵解释放的能量，所以糖的有氧氧化是体内糖分解产能的主要途径。糖的有氧氧化过程分为三个阶段。

（一）葡萄糖分解生成丙酮酸

在有氧情况下，葡萄糖或糖原氧化分解生成丙酮酸，这一阶段的反应过程与糖酵解过程基本相同，不同之处在于 3-磷酸甘油醛脱氢生成的 NADH+H$^+$ 不参与丙酮酸还原为乳酸的反应，而是经 NADH 氧化呼吸链被氧化生成水，并产生 ATP。反应过程见图 5-1-1。

（二）丙酮酸氧化脱羧生成乙酰辅酶 A

丙酮酸进入线粒体后，经丙酮酸脱氢酶系的催化，氧化脱羧生成乙酰辅酶 A。总反应式如下：

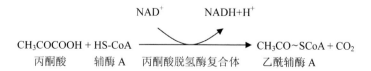

$$CH_3COCOOH + HS\text{-}CoA \xrightarrow[\text{丙酮酸脱氢酶复合体}]{NAD^+ \quad NADH+H^+} CH_3CO\sim SCoA + CO_2$$

丙酮酸　　　辅酶 A　　丙酮酸脱氢酶复合体　　　乙酰辅酶 A

丙酮酸脱氢酶系包括丙酮酸脱氢酶（辅酶是 TPP）、二氢硫辛酸转乙酰酶（辅酶是硫辛酸和辅酶 A）、二氢硫辛酸脱氢酶（辅基 FAD 和辅酶 NAD$^+$）。三种酶、五种辅酶组成多酶复合体,提高了催化效率和调节能力。丙酮酸脱氢酶系含有多种 B 族维生素,当体内缺乏有关维生素时,可影响丙酮酸的氧化脱羧反应,造成丙酮酸及乳酸的堆积,诱发多发性神经炎。

(三)乙酰辅酶 A 进入三羧酸循环彻底氧化

乙酰辅酶 A 的彻底氧化是通过三羧酸循环完成的。三羧酸循环是由草酰乙酸与乙酰辅酶 A 缩合成含有 3 个羧基的柠檬酸开始,经过一系列反应重新生成草酰乙酸,又称柠檬酸循环。该循环是英国生物化学家 Krebs 于 1937 年发现的,因此也称为 Krebs 循环。

1. 三羧酸循环过程(图 5-1-2)

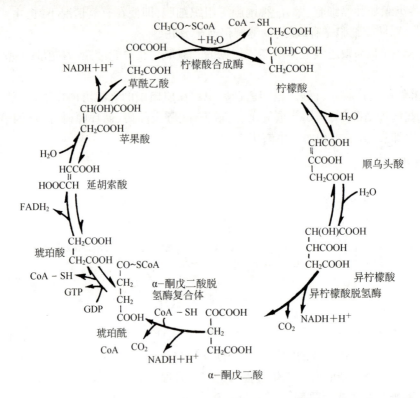

图 5-1-2　三羧酸循环

注:柠檬酸合成酶、异柠檬酸脱氢酶、α-酮戊二酸脱氢酶系是三羧酸循环的关键酶

2. 三羧酸循环要点

(1)三羧酸循环的反应部位是线粒体,反应条件是氧供应充足,终产物为 CO_2 和 H_2O 及 ATP。

(2)柠檬酸合成(柠檬酸合成酶)酶、异柠檬酸脱氢酶、α-酮戊二酸脱氢酶系是三羧酸循环的关键酶,它们催化的反应是不可逆反应。

(3)三羧酸循环过程中发生了两次脱羧,生成 2 分子 CO_2。

(4)三羧酸循环过程中发生了四次脱氢,其中三次脱氢均由 NAD^+ 接受生成 $NADH+H^+$,一次脱氢由 FAD 接受生成 $FADH_2$。$NADH+H^+$ 和 $FADH_2$ 分别进入呼吸链被氧化生成水,同时分别生成 3 分子 ATP 和 2 分子 ATP。

（5）一次循环共生成 12 分子 ATP，其中 11 分子 ATP 是通过氧化磷酸化方式生成；底物水平磷酸化生成 1 分子 GTP，能量来自琥珀酰辅酶 A 分子中的高能硫酯键，GTP 可与 ADP 作用生成 ATP。

（6）三羧酸循环的起始物草酰乙酸和中间产物可以参与其他代谢而被消耗，所以必须不断更新和补充，其中最重要的是保证草酰乙酸的量。丙酮酸羧化生成草酰乙酸的反应如下：

$$\text{丙酮酸}+CO_2+ATP \xrightarrow[\text{生物素}]{\text{丙酮酸羧化酶}} \text{草酰乙酸}+ADP$$

（四）糖有氧氧化的生理意义

（1）糖有氧氧化的基本生理意义是氧化供能。1 分子葡萄糖经有氧氧化可净生成 38（或 36）分子 ATP，是糖酵解产能的 19 倍（或 18 倍）。因此，在一般生理条件下，机体大多数组织细胞皆从糖的有氧氧化获得能量（表 5-1）。

表 5-1　葡萄糖有氧氧化生成的 ATP

反应阶段	反　　应	辅　酶	ATP
第一阶段	葡萄糖→6-磷酸葡萄糖	NAD^+	—1
	6-磷酸果糖→1,6-二磷酸果糖	—	—1
	2×3-磷酸甘油醛→2×1,3-二磷酸甘油酸		2×3 或 2×2
	2×1,3-二磷酸甘油酸→2×3-磷酸甘油酸		2×1
	2×磷酸烯醇式丙酮酸→2×丙酮酸		2×1
第二阶段	2×丙酮酸→2×乙酰辅酶 A	NAD^+	2×3
第三阶段	2×异柠檬酸→2×α-酮戊二酸	NAD^+	2×3
	2×α-酮戊二酸→2×琥珀酰辅酶 A	NAD^+	2×3
	2×琥珀酰辅酶 A→2×琥珀酸		2×1
	2×琥珀酸→2×延胡索酸	FAD	2×2
	2×苹果酸→2×草酰乙酸	NAD^+	2×3
净生成			38 或 36 *

*细胞质中的 NADH+H^+进入线粒体的方式不同，故产生的 ATP 数目不同

（2）三羧酸循环是糖、脂肪和蛋白质在体内彻底氧化的共同途径。由于乙酰辅酶 A 不仅来自糖，也来自脂肪及某些氨基酸，故三大营养素均能以乙酰辅酶 A 的形式进入三羧酸循环被彻底氧化。

（3）三羧酸循环是糖、脂肪和蛋白质三大物质代谢相互联系与转化的枢纽。

重点提示

糖的有氧氧化反应部位是细胞液和线粒体,全过程分三个阶段:①葡萄糖分解生成丙酮酸;②丙酮酸氧化脱羧生成乙酰辅酶 A;③乙酰辅酶 A 进入三羧酸循环彻底氧化生成 CO_2 和 H_2O。

三、磷酸戊糖途径

糖酵解和糖的有氧氧化虽然是体内糖分解代谢的主要途径,但在肝、脂肪组织、肾上腺皮质、泌乳期乳腺、性腺、骨髓、红细胞等组织细胞液中尚有磷酸戊糖途径。

(一)基本反应过程

5-磷酸核糖再经过一系列转酮基、转醛基的反应,生成 6-磷酸果糖和 3-磷酸甘油醛,最后进入糖酵解途径继续氧化分解。所以,磷酸戊糖途径又称磷酸戊糖旁路(图 5-1-3)。

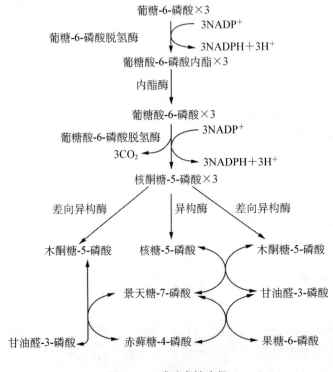

图 5-1-3　磷酸戊糖途径

磷酸戊糖途径的主要特点是 6-磷酸葡萄糖在脱氢酶的催化下发生脱氢和脱羧反应,生成 $NADPH+H^+$ 和磷酸核糖参与合成代谢,无 ATP 的产生与消耗。6-磷酸葡萄糖脱氢酶是磷酸戊糖途径的关键酶。

磷酸戊糖途径与糖酵解、糖的有氧氧化过程的相互联系如图 5-1-4 所示。

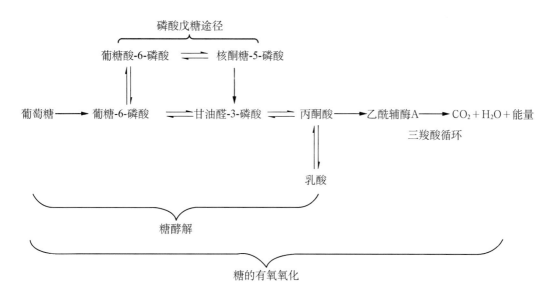

图 5-1-4　糖酵解、糖的有氧氧化、磷酸戊糖途径的相互联系

(二)生理意义

1. 生成 5-磷酸核糖　5-磷酸核糖是体内合成核苷酸和核酸的原料。损伤后修复再生的组织,此途径往往进行得比较活跃。

2. 生成 NADPH　NADPH 的功用:①NADPH 是细胞内脂肪酸、胆固醇、类固醇激素等物质合成的供氢体,因而在脂类、类固醇合成旺盛的组织中,磷酸戊糖途径都比较活跃;②参与体内某些药物、毒物和激素等物质的生物转化反应;③NADPH 是谷胱甘肽还原酶的辅酶,对维持细胞中还原型谷胱甘肽(GSH)的正常含量具有重要作用。GSH 可保护巯基酶和膜蛋白质免受氧化剂的损害,维持红细胞膜的完整性。

> **重点提示**
>
> 1. 磷酸戊糖途径的反应部位是组织细胞的胞液。
> 2. 磷酸戊糖途径过程主要生成了 5-磷酸核糖及 NADPH。

第二节　糖原的合成与分解

糖原是以葡萄糖为单位聚合而成的具有分支的大分子多糖,是葡萄糖在体内的储存形式。体内多数组织细胞都含有糖原,其中以肝和肌肉含量最多,肝糖原占肝重的 6% ~ 8% ,70 ~ 100g,肌糖原占肌肉总量的 1% ~ 2% ,250 ~ 400g,脑组织中糖原含量最少,只有 0.1% 。

一、糖原的合成

由葡萄糖、果糖、半乳糖等单糖合成糖原的过程,称为糖原的合成。

(一) 糖原合成过程(图 5-2-1)

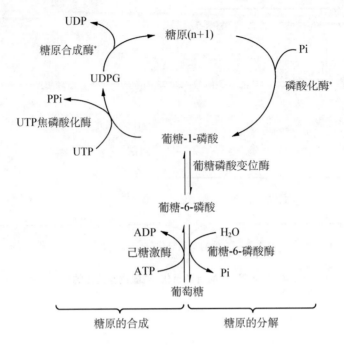

图 5-2-1　糖原的合成与分解
注:图中加 * 的酶是关键酶

(二) 糖原合成要点

1. 从葡萄糖合成糖原是耗能的过程,每增加 1 个葡萄糖单位,需要消耗 2 分子 ATP。反应中所需的 UTP 由 UDP 和 ATP 通过转磷酸基作用生成。

2. 糖原合成酶是糖原合成的关键酶。

3. UDPG 是葡萄糖供体。以原有的细胞内小分子糖原作引物,糖原合成酶催化 UDPG 分子中葡萄糖基转移至引物的糖链末端,如此反复进行使糖链不断延长,当链长增至超过 11 个葡萄糖基时,分支酶将链长约 7 个葡萄糖基的糖链转移到邻近的糖链上,形成糖原分支。多分支不仅增加糖原的水溶性,有利于储存,更重要的是可增加非还原端数目,有利于磷酸化酶分解糖原。分支酶作用见图 5-2-2。

二、糖原的分解

糖原分解为葡萄糖的过程,称为糖原的分解。习惯上指肝糖原的分解。肌糖原不能直接分解为葡萄糖。糖原分解的步骤并非糖原合成的逆过程。

(一) 糖原分解过程见图 5-2-1。

(二) 糖原分解要点

1. 6-磷酸葡萄糖在葡萄糖-6-磷酸酶的催化下水解为葡萄糖和磷酸。葡萄糖-6-磷酸酶只存在于肝和肾中,肌肉中无此酶,所以只有肝、肾的糖原可以补充血糖,而肌糖原分解生成的6-磷酸葡萄糖只能进入糖的有氧氧化途径彻底氧化或进入糖酵解途径生成乳酸。乳酸再经糖

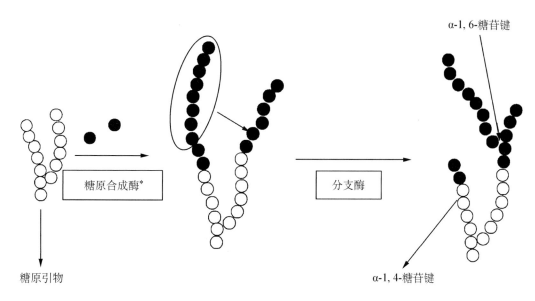

图 5-2-2　分支酶作用示意图

注:图中加 * 的酶为糖原合成的关键酶

异生作用合成葡萄糖或肝糖原,肌糖原可间接调节血糖浓度(见糖异生作用一节)。

2. 磷酸化酶是糖原分解的关键酶,催化糖原分解生成 1-磷酸葡萄糖。脱支酶作用见图5-2-3。

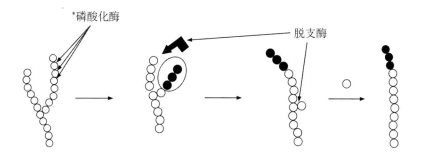

图 5-2-3　脱支酶作用示意图

注:图中加 * 的酶是关键酶

重点提示

　　糖原的合成是指由葡萄糖、果糖、半乳糖等单糖类物质合成糖原的过程;糖原的分解是指糖原分解为单糖(葡萄糖)的过程。糖原的合成与分解并非可逆过程。

第三节 糖异生作用

由非糖物质转变为葡萄糖或糖原的过程称为糖异生作用。糖异生的原料主要有乳酸、丙酮酸、甘油和生糖氨基酸等。在生理情况下,肝是糖异生的主要器官;肾皮质也有糖异生能力,但因肾的体积小,所以正常时只相当于肝的1/10。饥饿时,肾也成为糖异生的重要器官。

一、糖异生途径

糖异生途径基本上是糖酵解途径的逆过程。但在糖酵解途径中有三步不可逆反应,称为"能障",所以糖异生途径必须通过另外的酶催化,才能越过"能障",逆行生成葡萄糖或糖原,这几种酶分别是丙酮酸羧化酶、磷酸烯醇式丙酮酸羧激酶、果糖二磷酸酶、葡萄糖-6-磷酸酶,它们是糖异生途径中的关键酶,因其主要分布在肝和肾皮质,所以其他组织和器官不能进行糖异生作用。糖异生过程见图5-3-1。

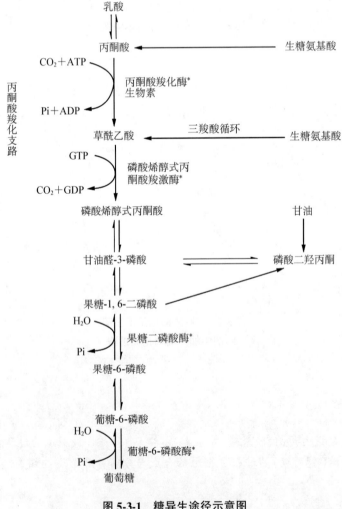

图 5-3-1 糖异生途径示意图
注:图中加 * 的酶为关键酶

二、糖异生的生理意义

1. 维持空腹或饥饿状态时血糖浓度的相对恒定　在空腹或饥饿时,血糖浓度下降,仅靠肝糖原分解维持血糖浓度,8~12h 肝糖原几乎被全部耗尽,此后机体主要靠糖异生来维持血糖浓度的相对恒定,这对保证脑组织的正常功能有重要意义。

2. 有利于乳酸的利用　剧烈运动时,糖酵解作用加强,肌肉内生成大量乳酸,经血液运至肝异生为葡萄糖,葡萄糖入血后又可被肌肉摄取,由此构成乳酸循环。此循环有利于乳酸的利用,防止乳酸酸中毒,并使肝糖原和肌糖原得以补充更新。乳酸循环过程见图 5-3-2。

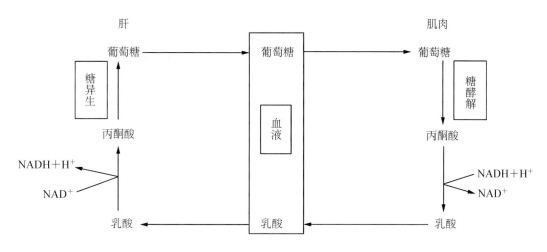

图 5-3-2　乳酸循环示意图

第四节　血糖及其调节

一、血糖的来源与去路

血糖是指血液中的葡萄糖。正常人空腹血糖浓度为 3.9~6.1mmol/L。人体血糖浓度在 24h 内稍有变动,如饭后消化吸收的葡萄糖大量入血,血糖浓度暂时升高,约 2h 后即可恢复其正常值。空腹或短时间禁食时,通过糖原分解和糖异生作用,血糖仍然维持在正常水平。机体通过调节血糖来源与去路的动态平衡,使血糖浓度处于相对恒定(图 5-4-1)。

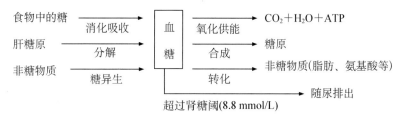

图 5-4-1　血糖的来源与去路

二、血糖浓度的调节

(一) 肝、肾等器官的调节

肝是调节血糖浓度的主要器官。当餐后血糖浓度升高时,肝糖原合成加强,调节血糖浓度不致过度增高;空腹时血糖浓度降低,肝糖原分解加强,葡萄糖进入血液补充血糖;饥饿时,肝糖原几乎被耗尽,肝中糖异生作用加强;长期饥饿时,肾的异生作用也加强,以维持血糖浓度的恒定。

(二) 激素的调节

调节血糖浓度的激素有两类,一类是升高血糖浓度的激素,主要有胰高血糖素、肾上腺素、肾上腺皮质激素、生长素等;另一类是降低血糖的激素,即胰岛素,它也是体内唯一降低血糖的激素。这两类激素的作用相互对立、相互制约、相互协调,从而维持血糖浓度的相对恒定。激素对血糖浓度的调节作用见表5-2。

表5-2 激素对血糖浓度的调节

激 素	调节机制
降低血糖的激素: 胰岛素	①促进葡萄糖进入肌肉、脂肪等组织细胞;②加速糖原合成,抑制肝糖原分解;③促进糖的氧化分解;④促进糖转变为脂肪;⑤抑制糖异生
升血糖激素:胰高 血糖素	①促进糖原分解,抑制肝糖原合成;②促进糖异生,抑制糖酵解;③促进脂肪动员
肾上腺素	①促进肝糖原分解;②促进肌糖原酵解;③促进糖异生
糖皮质激素	①加速糖原分解;②促进糖异生;③促进蛋白质分解;④抑制肝外组织摄取利用葡萄糖
生长素	①促进糖异生;②抑制肌肉及脂肪组织利用葡萄糖

(三) 神经系统的调节

神经系统通过对激素分泌的控制,进而使血糖浓度得以调节。

三、高血糖和低血糖

(一) 高血糖与糖尿

临床上将空腹血糖浓度高于 7.2mmol/L 时称为高血糖。当血糖浓度超过 8.8mmol/L(肾糖阈),超过了肾小管对糖的重吸收能力时,多余的葡萄糖会随尿排出,即为糖尿。引起高血糖和糖尿的原因有很多,可分为生理性和病理性两种情况。

1. 生理性高血糖和糖尿可因糖的来源增加而引起 如一次静脉输入大量葡萄糖(每小时每千克体重超过 22~28mmol/L)或进食糖类食物过多,引起饮食性高血糖和糖尿;因情绪过于激动导致体内肾上腺素分泌增加,出现情感性高血糖和糖尿;妊娠期妇女也会出现生理性高血糖现象。

2. 病理性高血糖和糖尿多见于糖尿病 由于胰岛 B 细胞功能障碍导致胰岛素的分泌不足,葡萄糖的利用减少,出现持续性高血糖和糖尿,临床上表现为多饮、多食、多尿和体重下降的"三多一少"症状。产生糖尿的原因除高血糖外,还可由于肾病,肾小管对糖的吸收能力降低所引起,称为肾性糖尿,但这类患者的空腹血糖正常。

(二)低血糖

空腹血糖浓度低于 3.3mmol/L 时称为低血糖。大脑的能源物质主要是葡萄糖,所以脑组织首先对低血糖出现反应,临床表现为头晕、心悸、肌肉无力、面色苍白、出冷汗及饥饿感等症状,并会影响脑部的正常生理功能。当血糖浓度低于 2.5mmol/L 时可出现低血糖休克,此时需给病人及时补充葡萄糖,否则会危及生命。引起低血糖的生理性因素有饥饿时间过长、持续地剧烈运动、使用胰岛素过量等;病理性因素有胰岛 B 细胞器质性疾病(如增生、肿瘤等),可导致胰岛素分泌过多、对抗胰岛素的激素分泌不足(如垂体前叶或肾上腺皮质功能减退分别使生长素、糖皮质激素分泌不足)、严重肝疾患(肝糖原储存及糖异生作用降低,肝不能有效地调节血糖)。

重点提示

1. 血糖浓度的恒定依赖于血糖的来源与去路的动态平衡。

2. 体内唯一降低血糖的激素是胰岛素,升高血糖浓度的激素主要有胰高血糖素、肾上腺素、肾上腺皮质激素、生长素等。

讨论与思考

1. 简述糖酵解与有氧氧化的不同点。

2. 张某,女,49 岁,身体一向较好,近 1 个月食欲明显增加,常常有强烈的饥饿感,饭后伴口渴多饮,夜间尤其多尿,随后出现机体消瘦。到医院就诊,医生嘱其第二天清晨空腹来医院化验。血、尿常规化验显示:空腹血糖第一次 18.2mmol/L,第二次 17.2mmol/L,第三次 18.0mmol/L,尿糖++(较强阳性)(三次)。查体:体温 36.8℃,脉搏 106 次/分,呼吸 22 次/分。

(1)请你判断张某可能患上了什么疾病?

(2)测定血糖为何要清晨空腹采血?

(3)说明患者出现"强烈的饥饿感,饭后伴口渴多饮,夜间尤其多尿,随后出现了机体消瘦"的生化机制。

3. 某君游览了海拔 1864m 的我国著名的"世界地质公园"黄山,双下肢酸痛 3d 后逐渐缓解。

请问:(1)他为何登山后双下肢酸痛? 3d 后为何酸痛感逐渐缓解?

(2)试述肌肉组织中乳酸的主要代谢去向。

(习傲登)

第 **6** 章

脂 类 代 谢

学习要点

1. 人体内脂类物质的分类、分布、生理功能
2. 血浆脂蛋白的分类及主要功能
3. 三酰甘油(甘油三酯)的分解代谢
4. 酮体的生成、利用特点及生理意义
5. 三酰甘油的合成、磷脂的合成与分解
6. 胆固醇的转化与排泄

第一节　脂类的基本概念与生理功能

一、脂类的分布与含量

脂类是脂肪和类脂的总称,是人体内不溶于水而易溶于有机溶剂的有机化合物。

脂肪由 1 分子甘油和 3 分子脂肪酸组成,又称为甘油三酯(或三酰甘油)。人体内的脂肪主要分布于皮下、大网膜、肠系膜、肾周围等处,故这些部位常被称为脂库。体内的脂肪含量占体重的 10% ~ 20% ,女性略高于男性,因其易受营养状况、体力活动、健康状况等因素影响,波动较大,所以又称为可变脂。

类脂包括磷脂、糖脂、胆固醇、胆固醇酯等。人体内类脂含量约占体重的 5% ,其含量不易受营养状况、体力活动、健康状况等因素影响而产生波动,因此被称为固定脂或基本脂。

二、脂类的主要生理功能

(一)三酰甘油的生理功能

1. 储能与供能　三酰甘油是体内重要的储能及供能物质。正常情况下,人体生理活动所需能量 17% ~ 25% 由三酰甘油供给;空腹时,人体生理活动所需能量 50% 由三酰甘油供给;禁食 1~3d 后,人体生理活动所需能量 85% 以上由三酰甘油供给。

2. 维持体温及保护内脏器官　皮下三酰甘油有减少皮肤散热的功能。脂库中的三酰甘

油有保护内脏器官的功能。

3. 供给必需脂肪酸　必需脂肪酸是指人体需要而又不能合成,必须由食物提供的多不饱和脂肪酸,如亚油酸、亚麻酸、花生四烯酸。食物中的三酰甘油可提供人体必需的不饱和脂肪酸。

4. 协助脂溶性维生素吸收　食物中的三酰甘油可促进脂溶性维生素(维生素 A、D、E、K)的吸收。胆管梗阻的病人不仅脂类物质消化吸收障碍,脂溶性维生素的吸收也会减少,易引起维生素缺乏症。

(二)类脂的生理功能

1. 参与生物膜的构成　磷脂和胆固醇是所有生物膜的重要组成成分,约占膜重的 50%,含量稍有变化则会影响生物膜的功能。

2. 转化为重要的生物活性物质　胆固醇可转化为肾上腺皮质激素、性激素、维生素 D_3、胆汁酸等。

3. 提供必需脂肪酸　食物中的磷脂富含亚油酸、亚麻酸、花生四烯酸等必需脂肪酸。

(重点提示)

　　脂类是脂肪和类脂的总称,脂肪又称为三酰甘油,类脂包括磷脂、糖脂、胆固醇和胆固醇酯,是人体需要的营养素。

　　三酰甘油的主要功能是储能、供能;磷脂的主要作用是参与构成生物膜;胆固醇可转化成多种生理活性物质;食物中的脂类物质可为机体提供必需脂肪酸和帮助脂溶性维生素吸收。

三、脂类的消化与吸收

食物中的脂类物质主要是三酰甘油,还有少量类脂。它们的消化和吸收均在小肠进行。

(一)脂类的消化

脂类物质随食物进入小肠后,在胆汁酸盐的作用下被乳化成细小的微团,微团的形成增大了脂类物质与消化酶的接触面积而便于消化。胰液中的胰脂肪酶、磷脂酶、胆固醇酯酶等可分别催化微团中的各种脂类物质的酯键水解,从而有利于脂类物质的消化与吸收。

$$三酰甘油+水 \xrightarrow{\text{胰脂肪酶}} 甘油+3\text{脂肪酸}(10\text{碳以下})$$

$$三酰甘油+水 \xrightarrow{\text{胰脂肪酶}} 单酰甘油+2\text{脂肪酸}(12\text{碳以上})$$

$$磷脂+水 \xrightarrow{\text{磷脂酶}} 溶血磷脂+脂肪酸$$

$$胆固醇酯+水 \xrightarrow{\text{胆固醇酯酶}} 胆固醇+脂肪酸$$

(二)脂类的吸收

食物中脂类物质消化后的产物主要在十二指肠下段和空肠上段吸收。10 碳原子以下的脂肪酸及甘油吸收后经肝门静脉先进入肝,再进入体循环;12 碳原子以上的脂肪酸吸收后在肠黏膜细胞内与单酰甘油先重新合成三酰甘油,三酰甘油再与磷脂、胆固醇、载脂蛋白等共同合成乳糜微粒,经淋巴系统进入血液循环。

第二节 血 脂

一、血脂的组成与含量

血浆中各种脂类物质总称为血脂,包括三酰甘油(TG)、磷脂(PL)、胆固醇(Ch)及胆固醇酯(CE)、游离脂肪酸(FFA)。正常成人空腹 12~14h 血脂的组成和含量如表6-1。

表6-1 正常成人空腹血脂的主要组成和含量

脂类名称	含量参考值(mmol/L)	含量参考值(mg/dl)
三酰甘油	0.11~1.69	10~150
总磷脂	48.44~80.73	150~250
总胆固醇	2.59~6.47	100~250
胆固醇	1.03~1.81	40~70
胆固醇酯	1.81~5.17	70~200
游离脂肪酸	0.20~0.78	5~20

从表6-1所列数据可以看出,正常成人血脂的含量变动范围较大,这与血浆中脂类物质的来源与去路有关。血脂的来源与去路见图6-2-1。

图 6-2-1 血脂的来源与去路

二、血浆脂蛋白的分类与功能

脂类物质难溶于水,在血浆中必须与蛋白质结合才能顺利运输及代谢。其中三酰甘油、磷脂、胆固醇及胆固醇酯与载脂蛋白结合成血浆脂蛋白;而游离脂肪酸则与清蛋白结合成脂清蛋白。因此,脂类物质在血中转运的主要形式是血浆脂蛋白。

(一)血浆脂蛋白的分类

1. 密度分离法(超速离心法) 由于不同脂蛋白中所含各脂类物质和蛋白质的比例有差异,则密度高低也有所不同,含三酰甘油多的脂蛋白密度低,含三酰甘油少的脂蛋白密度高。取血浆置于一定密度的盐溶液中,采用约 50000 转/分钟的超速离心,其所含的脂蛋白按密度由低到高可分离为:乳糜微粒(CM)、极低密度脂蛋白(VLDL)、低密度脂蛋白(LDL)、高密度脂蛋白(HDL)。

2. 电泳分离法 由于不同脂蛋白中载脂蛋白的种类和含量不同,其表面所带电荷多少及颗粒大小也不同,因此,在电场中电泳时迁移率就有所差别。取血浆调 pH 大于蛋白质等电点,点样于一定载体上,再置于电场中使血浆脂蛋白从负极向正极迁移分离,按迁移速度由慢到快排列,分离出:乳糜微粒、β-脂蛋白、前 β-脂蛋白、α-脂蛋白(图 6-2-2)。

图 6-2-2　血浆脂蛋白电泳图谱

两种分离法所得血浆脂蛋白的对应关系如图 6-2-3。

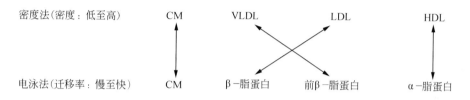

图 6-2-3　两种分离法血浆脂蛋白对应关系

(二)血浆脂蛋白的组成与功能

1. 乳糜微粒(CM)　乳糜微粒是由小肠黏膜细胞吸收食物中的外源性脂类物质与载脂蛋白一起形成,形成后经淋巴管进入血液循环。乳糜微粒是含三酰甘油最高的一类血浆脂蛋白,当其随血液流经肌肉和脂肪等组织毛细血管处时,其中的三酰甘油可被血管内皮细胞表面的脂蛋白脂肪酶水解,颗粒便逐渐变小,最后残余颗粒被肝细胞摄取。正常情况下,饭后血浆中乳糜微粒含量高,空腹时几乎没有。所以,乳糜微粒的主要功能是转运外源性三酰甘油。

2. 极低密度脂蛋白(VLDL)　极低密度脂蛋白是由肝细胞合成的,主要功能是将肝合成的内源性三酰甘油转运到肝外组织。极低密度脂蛋白中三酰甘油含量较高,当其随血液流经肌肉和脂肪等组织毛细血管处时,其中的三酰甘油可很快被脂蛋白脂肪酶水解,因此,正常人空腹时血浆中此类脂蛋白很少。极低密度脂蛋白合成障碍时,三酰甘油不能正常转运出肝,在肝堆积过多可造成脂肪肝。

3. 低密度脂蛋白(LDL)　低密度脂蛋白由极低密度脂蛋白转变而来。当极低密度脂蛋白随血液循环到毛细血管处时,其中三酰甘油可被脂蛋白脂肪酶反复催化水解,颗粒逐渐变小,组成发生改变,最后转变为富含胆固醇的低密度脂蛋白。此种脂蛋白是正常人空腹时血浆中含量最高的脂蛋白,约占血浆脂蛋白总量的 2/3。

低密度脂蛋白的主要功能是将肝合成的内源性胆固醇转运到肝外组织。血浆低密度脂蛋白含量增高,可使过多的胆固醇沉积在动脉血管内皮细胞而诱发动脉粥样硬化。

4. 高密度脂蛋白(HDL)　高密度脂蛋白主要由肝合成,小肠也可合成。正常人空腹血浆高密度脂蛋白约占血浆脂蛋白总量的 1/3。

高密度脂蛋白的主要功能是将肝外组织细胞内的胆固醇逆向转运到肝中进行代谢。通过这种机制,可清除外周组织中的胆固醇,防止胆固醇沉积在动脉管壁和其他组织中。因此,高密度脂蛋白具有抗动脉硬化的作用。血浆高密度脂蛋白含量增高的人动脉粥样硬化的发生率较低。

各种血浆脂蛋白的密度、组成特点及主要功能如表6-2。

表6-2 血浆脂蛋白的密度、组成特点和主要功能

分类 （密度法）	密度 （g/cm³）	组成特点（%）				主要生理功能
		蛋白质	三酰甘油	胆固醇	磷脂	
乳糜微粒	<0.96	1~2	80~95	2~7	6~9	转运外源性三酰甘油
极低密度脂蛋白	0.96~1.01	5~10	50~70	10~15	10~15	转运内源性三酰甘油
低密度脂蛋白	1.01~1.06	20~25	10	45~50	20	转运胆固醇（肝内→外）
高密度脂蛋白	1.06~1.21	45~50	5	20~22	30	转运胆固醇（肝外→内）

重点提示

血脂主要以脂蛋白形式存在并运输，其中CM转运外源性三酰甘油；VLDL转运内源性三酰甘油；LDL将肝内的胆固醇转运到肝外；HDL将肝外的胆固醇转运到肝内代谢。HDL有助于清除外周组织中的胆固醇，具有抗动脉粥样硬化的作用。

三、高脂血症

经多次测定，血脂中一种成分或几种成分含量高于正常值上限，称为高脂血症。由于血脂主要是以血浆脂蛋白的形式存在，故高脂血症即为高脂蛋白血症。

临床上按病因将高脂血症分为原发性和继发性两类：原发性高脂血症主要与遗传因素有关，常因脂蛋白代谢过程中某些酶或某些受体、载脂蛋白先天性缺乏而引起；继发性高脂血症主要由糖尿病、肾病、肝病、甲状腺功能减退症等疾病所致。高脂血症是导致动脉粥样硬化、冠心病、脑血管意外等发生的危险因素。

第三节　三酰甘油的代谢

一、三酰甘油的分解代谢

（一）脂肪动员

储存于脂库中的三酰甘油在脂肪酶的催化作用下水解为游离的脂肪酸和甘油，并通过血液循环运送到机体各组织供氧化利用的过程称为脂肪动员。水解分三步完成。

三酰甘油脂肪酶是脂肪动员的限速酶,因其活性受多种激素调节,故又称为激素敏感脂肪酶。肾上腺素、肾上腺皮质激素、甲状腺素、胰高血糖素等激素可升高激素敏感脂肪酶的活性,称为脂解激素;胰岛素可降低激素敏感脂肪酶的活性,称为抗脂解激素。

(二)甘油的代谢

脂肪动员产生的甘油经血液循环到达肝、肾、小肠黏膜的组织细胞,被甘油激酶催化生成 α-磷酸甘油,再脱氢生成磷酸二羟丙酮,进入糖代谢途径。

$$\text{甘油} \xrightarrow[\text{ATP} \quad \text{ADP}]{\text{甘油激酶}} \text{α-磷酸甘油} \xrightarrow[\text{NAD}^+ \quad \text{NADH+H}^+]{\text{α-磷酸甘油脱氢酶}} \text{磷酸二羟丙酮} \begin{cases} \text{葡萄糖或糖原} \\ \text{二氧化碳、水、ATP} \end{cases}$$

(三)脂肪酸的氧化

除大脑和成熟红细胞外,脂肪酸在机体大多数组织都可氧化,其中在肝及肌肉组织氧化最为活跃。氧化过程包括:活化与转运、β-氧化、乙酰辅酶 A 氧化三个阶段。

1. 脂肪酸的活化与转运　在细胞液中,脂肪酸与辅酶 A 由脂酰辅酶 A 合成酶催化,反应生成脂酰辅酶 A,此反应需 ATP 提供能量及 Mg^{2+} 参与。因反应产物脂酰辅酶 A 为高能化合物,且代谢活性强,故此反应过程称为脂肪酸的活化。

$$\underset{\text{脂肪酸}}{\text{RCOOH}} + \underset{\text{辅酶A}}{\text{HSCoA}} + \text{ATP} \xrightarrow{\text{脂酰辅酶A合成酶、Mg}^{2+}} \underset{\text{脂酰辅酶A}}{\text{RCO}\sim\text{SCoA}} + \text{AMP} + \underset{\text{焦磷酸}}{\text{PPi}}$$

由于催化脂酰辅酶 A 继续氧化的酶系存在于线粒体,所以在细胞液中生成的脂酰辅酶 A 需经线粒体内膜上的肉毒碱携带转运进入线粒体代谢,此过程称为脂酰辅酶 A 的转运(图 6-3-1)。

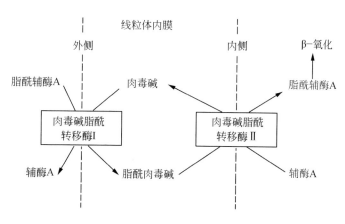

图 6-3-1　脂酰辅酶 A 通过线粒体内膜

2. 脂酰辅酶 A 的 β-氧化　进入线粒体的脂酰辅酶 A,在脂肪酸 β-氧化酶系的催化下,β-碳原子处氧化并断裂,故此称为 β-氧化。每一次 β-氧化过程经历脱氢、加水、再脱氢、硫解四步连续反应,生成 1 分子乙酰辅酶 A 和 1 分子比原脂酰辅酶 A 少 2 个碳原子的新脂酰辅酶A。新生成的脂酰辅酶 A 又再次进行 β-氧化,如此多次进行,直至全部氧化为乙酰辅酶 A,即脂肪酸 β-氧化的终产物是乙酰辅酶 A。脂肪酸 β-氧化过程见图 6-3-2。

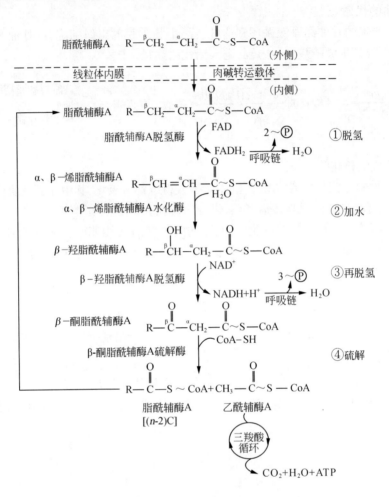

图 6-3-2 脂肪酸 β-氧化过程

3. **乙酰辅酶 A 的氧化** 脂肪酸经 β-氧化生成大量的乙酰辅酶 A,一部分进入三羧酸循环彻底氧化,生成二氧化碳、水,并释放能量。另一部分在肝细胞线粒体中合成酮体。

脂肪酸氧化可产生大量能量。以 1 分子含 16 碳原子的软脂酸为例计算:可进行 7 次 β-氧化及生成 8 分子乙酰辅酶 A,每次 β-氧化可生成 5 分子 ATP,每 1 分子乙酰辅酶 A 进入三羧酸循环可生成 12 分子 ATP,共计生成 ATP 数为 5×7+12×8＝131 分子,再减去脂肪酸活化时消耗的 2 分子 ATP,则净生成 ATP 数为 129 分子。而每 1 分子三酰甘油分解又可产生 3 分子脂肪酸。由此可见,三酰甘油的分解、氧化是体内能量的重要来源之一。

(四)酮体的生成与利用

酮体是脂肪酸在肝内氧化的正常中间产物,包括乙酰乙酸、β-羟丁酸、丙酮,这三种物质总称为酮体。其中 β-羟丁酸约占酮体总量的 70%,乙酰乙酸约占 30%,丙酮含量极微。

1. 酮体的生成

（1）原料：肝中脂肪酸 β-氧化生成的大量乙酰辅酶 A，除小部分进入三羧酸循环彻底氧化为 CO_2 和 H_2O，释放能量供肝利用外，更重要的代谢去路是合成酮体。

（2）基本过程：肝细胞线粒体内富含催化酮体合成的酶系，故生成酮体是肝特有的功能。酮体生成的总体基本反应过程见图 6-3-3。

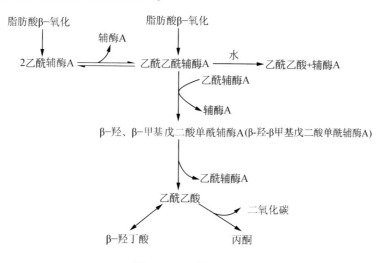

图 6-3-3　酮体的生成

2. 酮体的利用　肝外组织富含利用酮体的酶系。在肝中生成的酮体经血液循环运输到肝外的心、脑、肾及肌肉等组织，乙酰乙酸和 β-羟丁酸在酶的催化下重新转化为乙酰辅酶 A，进入三羧酸循环彻底氧化供能（图 6-3-4）。丙酮则主要随尿排出体外，少部分可直接从肺呼出。

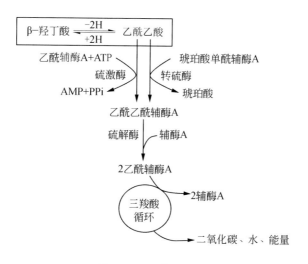

图 6-3-4　酮体的利用

3. 酮体代谢的特点及生理意义

(1)酮体代谢的特点是肝内生酮肝外利用。

(2)生理意义

①酮体是一类水溶性强、易通过细胞膜及血-脑脊液屏障的小分子化合物,便于肝外组织利用氧化供能,是肝输出脂类能源物质的一种重要形式。

②长期饥饿及糖供应不足时,酮体可替代葡萄糖成为脑及肌肉等组织的主要能源。

正常情况下,血中酮体含量低,仅有 0.14~0.86mmol/L(0.8~5mg/dl)。在长时间饥饿、糖尿病、高脂低糖膳食等情况下,体内脂肪动员加强,肝内酮体生成增多,超过了肝外组织的利用能力,可导致血中酮体升高,称为酮血症;丙酮具有挥发性,过多丙酮从患者肺呼出,会嗅到丙酮味(似烂苹果味),称为酮味;当体内酮体含量过高,超过肾回吸收能力时,尿中可出现酮体,称为酮尿;酮体中乙酰乙酸和 β-羟丁酸是酸性物质,在血液中浓度过高,导致血液 pH 下降,引起酮症酸中毒。

重点提示

1. 三酰甘油脂肪酶是脂肪动员的限速酶,又称为激素敏感脂肪酶。肾上腺素、肾上腺皮质激素、甲状腺素、胰高血糖素等可增强此酶的活性,被称为脂解激素;胰岛素可抑制此酶的活性,故称为抗脂解激素。

2. 除脑组织外,大多数组织均能氧化脂肪,以肝及肌肉最活跃。线粒体是脂肪酸氧化的重要场所。

3. 脂肪酸在肝内 β-氧化的产物乙酰辅酶 A 可转化为酮体,酮体是在肝外组织中氧化利用的,是肝输出脂类能源的一种形式。长期饥饿及糖供应不足时,酮体可替代葡萄糖成为脑及肌肉等组织的主要能源。

4. 酮体代谢的特点是肝内生酮肝外用。

二、三酰甘油的合成代谢

体内许多组织都可以合成三酰甘油,其中以肝及脂肪组织的合成能力最强。合成的细胞定位在细胞液。合成的原料是 α-磷酸甘油及脂酰辅酶 A。基本过程包括三部分。

(一)α-磷酸甘油的合成

α-磷酸甘油主要由糖代谢的中间产物磷酸二羟丙酮还原生成,也可来自甘油的磷酸化。

$$磷酸二羟丙酮 + NADH + H^+ \xrightleftharpoons{\text{α-磷酸甘油脱氢酶}} α-磷酸甘油 + NAD^+$$

$$甘油 \xrightarrow[\substack{ATP \quad ADP}]{\text{甘油激酶}} α-磷酸甘油$$

(二)脂酰辅酶 A 的合成

脂酰辅酶 A 的合成原料是乙酰辅酶 A,主要来自糖的氧化分解。合成过程中由 NADPH + H^+ 供氢,ATP 供能。

$$乙酰辅酶 A+HCO_3^-+ATP \xrightarrow{\text{乙酰辅酶 A 羟化酶 生物素 Mn}^{2+}} 丙二酰辅酶 A+ADP+Pi$$

$$乙酰辅酶 A+7 丙二酰辅酶 A+14(NADPH+H^+) \xrightarrow{\text{脂肪酸合成酶系}}$$

$$16 碳软脂酸+14NADP^++7CO_2+8 辅酶 A+6H_2O$$

$$脂肪酸+辅酶 A+ATP \xrightarrow{\text{脂酰辅酶 A 合成酶 Mg}^{2+}} 脂酰辅酶 A+AMP+PPi$$

(三)三酰甘油的合成

$$\alpha-磷酸甘油+2 脂酰辅酶 A \xrightarrow{\text{甘油磷酸酰基转移酶}} 磷脂酸+2 辅酶 A$$

$$磷脂酸+H_2O \xrightarrow{\text{磷脂酸磷脂酶}} 二酰甘油+Pi$$

$$二酰甘油+脂酰辅酶 A \longrightarrow 三酰甘油+辅酶 A$$

重点提示

三酰甘油的合成以肝及脂肪组织最为活跃,整个合成过程在细胞液中进行。合成的原料是 α-磷酸甘油及脂酰辅酶 A。

第四节 类 脂 代 谢

一、甘油磷脂的代谢

(一)甘油磷脂的合成

含有磷酸的脂类即磷脂,分为由甘油构成的甘油磷脂和由鞘氨醇构成的鞘磷脂两大类。人体内含量最高的是甘油磷脂,主要包括磷脂酰乙醇胺(脑磷脂)和磷脂酰胆碱(卵磷脂)等。

1. 合成部位与原料 机体各组织均可合成甘油磷脂,而在肝、肾及肠等组织此代谢最为活跃。甘油磷脂的合成原料主要有二酰甘油、胆碱、乙醇胺(胆胺)或丝氨酸等。二酰甘油由磷脂酸水解产生;胆碱和乙醇胺可来自于食物,也可由丝氨酸代谢而来。合成需 ATP 和 CTP 提供能量。

2. 合成的基本过程 首先丝氨酸脱羧生成乙醇胺;乙醇胺分步由 ATP、CTP 供能及酶催化生成 CDP-乙醇胺;CDP-乙醇胺与二酰甘油反应生成磷脂酰乙醇胺(脑磷脂)。磷脂酰乙醇胺可由 S-腺苷甲硫氨酸提供甲基而转化为磷脂酰胆碱(卵磷脂)。磷脂酰胆碱也可独立合成。

甘油磷脂合成的基本反应过程见图 6-4-1。

(二)甘油磷脂的分解

甘油磷脂中的不同酯键可分别被体内的磷脂酶 A_1、磷脂酶 A_2、磷脂酶 B、磷脂酶 C、磷脂酶 D 催化水解,生成脂肪酸、胆碱或乙醇胺、磷酸、甘油等物质。这些物质可氧化分解或被机体再利用。

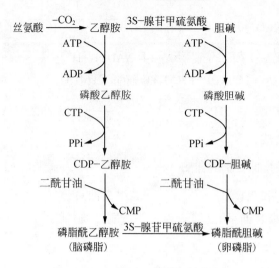

图 6-4-1 甘油磷脂合成的基本过程

二、胆固醇的代谢

正常成人体内胆固醇总量仅为 140g,但分布极不均匀,肾上腺含量最高,1/4 分布于脑及神经组织,其次是肝、肾、肠等内脏器官,肌肉组织含量较低。体内的胆固醇主要来源于食物(外源性胆固醇)和自身合成(内源性胆固醇)。

(一)胆固醇的合成

1. 合成部位与原料　人体组织合成胆固醇的能力较强,正常成人除脑组织和成熟的红细胞外,其他组织都可以合成胆固醇,其中肝的合成能力最强。成年人每天胆固醇合成总量为 $1 \sim 1.5g$,而肝合成则占总量的 $70\% \sim 80\%$。胆固醇合成的原料是乙酰辅酶 A。此外还需要 $NADPH+H^+$ 供氢,ATP 供能。

2. 合成的基本过程　胆固醇合成的细胞定位在细胞液及滑面内质网。胆固醇生成的总体基本反应过程见图 6-4-2。

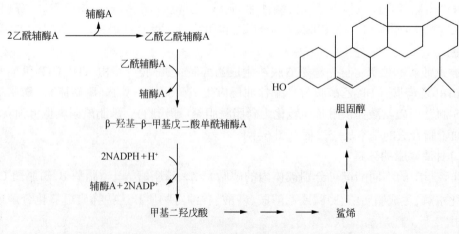

图 6-4-2 胆固醇合成代谢

(二)胆固醇的转化与排泄

胆固醇在体内不能彻底氧化分解,不能释放能量,而是通过氧化、还原等反应转化成多种其他生理活性物质。部分可直接排泄。

1. 胆固醇的转化

(1)转化成胆汁酸:胆固醇在肝中转化成胆汁酸及其盐是其在体内的主要代谢去路,并以胆汁酸盐的形式随胆汁排入肠腔,可促进食物中脂类物质的消化和吸收。胆汁酸对胆汁中的胆固醇也具有助溶作用。

(2)转化成类固醇激素:胆固醇在睾丸、卵巢分别转化成雄激素、雌激素及孕激素;在肾上腺皮质转化成肾上腺皮质激素。这些类固醇激素对体内物质代谢具有重要的调节作用。

(3)转化成维生素 D_3:胆固醇在肝、小肠黏膜、皮肤等处可被氧化成维生素 D_3 原(又称为7-脱氢胆固醇),维生素 D_3 原在皮下经紫外线照射即转变为维生素 D_3。维生素 D_3 活化后对钙、磷代谢具有调节作用。

2. 胆固醇的排泄　体内大部分胆固醇在肝中转化为胆汁酸,小部分胆固醇直接作为胆汁的成分与胆汁酸盐一起排入肠道,其中一部分在肠道细菌作用下还原成粪固醇,随粪便排出体外。

重点提示

1. 胆固醇合成的原料是乙酰辅酶 A,还需要 $NADPH+H^+$ 供氢,ATP 供能。

2. 胆固醇在肝内转化为胆汁酸,是体内胆固醇代谢的主要去路。一部分胆固醇在肠道细菌作用下还原成粪固醇,随粪便排出体外。

讨论与思考

1. 四种血浆脂蛋白的主要功能是什么? 其与心血管疾病的发生有何关系?

2. 何谓脂酰辅酶 A 的 β-氧化? 包括哪些步骤? 其主要终产物是什么?

3. 简述脂肪酸在体内的氧化过程,计算 1 分子软脂酸(16C)彻底氧化分解生成的ATP 数。

4. 何谓酮体? 酮体有何代谢特点及生理意义?

5. 胆固醇合成的原料是什么? 胆固醇在体内可转变为哪些物质?

6. 病例分析:王某,男,胰岛素依赖型糖尿病(1 型糖尿病)患者,有多尿、烦渴多饮和乏力表现。近日又出现食欲缺乏、恶心、呕吐症状,同时伴有头痛、嗜睡、烦躁、呼吸深快,呼气中有烂苹果味。

(1)王某最可能的诊断是什么?

(2)说明上述诊断的原因。

(柳晓燕)

第 **7** 章

氨基酸代谢

学习要点

1. 氨基酸脱氨基作用的方式及概念和意义。

2. 氨的来源与去路。尿素合成的部位与主要过程和意义。谷氨酰胺生成、水解及意义。

3. α-酮酸的代谢去路。

4. γ-氨基丁酸、组胺、5-羟色胺的生成及意义。一碳单位代谢、蛋氨酸循环的生理意义以及叶酸、维生素 B_{12} 在一碳单位代谢中的作用。

5. ALT、AST 测定的临床意义及高血氨与氨中毒的机制。

氨基酸是蛋白质的基本组成单位。蛋白质分解代谢时,首先分解为氨基酸,再进一步代谢。氨基酸代谢是蛋白质分解代谢的中心内容。

第一节　蛋白质的营养作用

一、蛋白质的生理功能

(一)维持组织细胞的生长、更新和修复

蛋白质是组织细胞的主要成分,因此,在膳食中必须提供足够的蛋白质才能满足维持组织细胞生长、更新、修复的需要。特别是在生长发育时期的婴幼儿、青少年、营养需要量增加的孕妇、康复期的病人,更需要供给丰富的蛋白质。

(二)参与体内多种重要的生理活动

蛋白质参与体内各种生理活动,如酶与神经递质的合成、肌肉收缩、代谢反应的催化与调节、物质运输、凝血与抗凝血功能、免疫功能、遗传与变异等。

(三)氧化供能

每克蛋白质在体内氧化分解可产生 17.19kJ 能量,成人每日有 10%～15% 的能量来自蛋白质。

二、蛋白质的需要量

机体必须经常从食物中摄取蛋白质以维持正常的生命活动,但是人体每天需要多少蛋白质才能满足这种需要呢? 氮平衡是研究蛋白质需要量的重要手段。

(一)氮平衡

食物中的含氮物质主要是蛋白质,蛋白质的含氮量平均约为 16%,故摄入氮量的多少可以反映蛋白质的摄入量;人体的排泄物(粪、尿)中含氮废物主要是蛋白质分解代谢的产物,故排出氮量可以反映体内蛋白质的分解量。人体每日摄入氮量与排出氮量之间的关系称为氮平衡,它可以反映人体蛋白质的代谢概况。

1. 氮的总平衡　摄入氮量等于排出氮量,称为氮的总平衡。它说明组织蛋白质的合成量与分解量处于动态平衡。如营养供给合理的正常成年人。

2. 氮的正平衡　摄入氮量大于排出氮量,称为氮的正平衡。它说明组织蛋白质的合成量大于分解量,如生长期的儿童、孕妇及恢复期的病人等。

3. 氮的负平衡　摄入氮量小于排出氮量,称为氮的负平衡。它说明组织蛋白质的合成量小于分解量,如衰老、长期饥饿、营养不良、慢性消耗性疾病患者等。

(二)生理需要量

根据氮平衡试验计算,成人在禁食蛋白质时,每日排出氮量约 3.18g,相当于 20g 蛋白质。由于食物蛋白质与人体蛋白质的组成存在差异,不能被完全吸收利用,故成人每日蛋白质的最低需要量为 30~50g。为了长期保持氮的总平衡及营养的需要,必须增加蛋白质供给量才能满足机体需求。我国营养学会推荐成人每日蛋白质需要量为 80g,儿童、孕妇及恢复期病人应适当按比例增加。

三、蛋白质的营养价值

(一)蛋白质营养价值的决定因素

各种食物蛋白质营养价值的高低取决于其所含必需氨基酸的种类、数量是否与人体所需要的相接近,越接近者,营养价值越高,反之则越低。动物蛋白质所含必需氨基酸的种类和比例与人体需要接近,易被人体利用,故营养价值高于植物蛋白质。

(二)蛋白质的互补作用

几种营养价值较低的蛋白质混合食用,相互补充营养必需氨基酸的缺乏和不足,以提高蛋白质的营养价值,称为蛋白质的互补作用。如谷类蛋白质赖氨酸含量较低,色氨酸含量较高,而豆类蛋白质赖氨酸含量较高,色氨酸含量较低,两者混合食用可提高营养价值。故提倡食物多样化,荤素食物、粗细粮合理搭配是有科学依据的。

若食物中长期缺乏蛋白质,则可导致机体多种代谢与生理功能失常。因此,提供足够的食物蛋白质对正常代谢和各种生命活动的进行是十分重要的,对于生长发育期的儿童、孕妇和康复期的病人,供给优质、足量的蛋白质尤为重要。在患某些疾病情况下,如外科创伤或手术后,为保证病人的氨基酸需要,可给予混合氨基酸输液,以提高疗效。

在肠道中少量未经消化的蛋白质及一小部分未被吸收的氨基酸、寡肽等消化产物在肠道细菌的作用下,发生以无氧氧化为主要过程的化学变化,称为腐败作用。腐败作用的方式有多种,如水解、脱羧、脱氨、氧化、还原等。腐败作用的产物大多数对人体有害,如胺类、酚、醇、氨、

CO_2、甲烷、吲哚、甲基吲哚(后两者有粪臭气味)等,但也产生少量可被机体利用的脂肪酸和维生素 K。

腐败产物主要随粪便排出。在肠道停留期间,部分可经门静脉吸收入肝,经生物转化作用随尿排出,对机体不产生毒性作用。若腐败产物生成过多或肝功能障碍,可使进入体内的有毒物质得不到解毒,而对人体产生毒害作用,其中以胺类和氨的危害作用最大。

> **重点提示**
>
> 1. 蛋白质的生理功能是维持组织细胞的生长、更新和修复;参与体内多种重要的生理活动;氧化供能。
> 2. 氮平衡是研究蛋白质需要量的重要手段。
> 3. 我国营养学会推荐成人每日蛋白质需要量为 80g,儿童、孕妇及恢复期病人还应适当按比例增加。
> 4. 蛋白质的营养价值的高低取决于其所含必需氨基酸的种类、数量是否与人体所需要的相接近。

第二节　氨基酸的一般代谢

一、氨基酸的代谢概况

由食物摄入的蛋白质经消化道消化、吸收后,以氨基酸的形式通过门静脉入肝,再经血液循环进入全身各组织;机体组织蛋白质降解为氨基酸;体内代谢合成部分营养非必需氨基酸。这几种来源不同的氨基酸混合在一起,分布于细胞内外液及各种体液中,总称为氨基酸代谢库。体内的氨基酸主要用于合成组织蛋白质和肽类;或转变为其他含氮化合物,如嘌呤、嘧啶、肾上腺素、甲状腺素等;还可转变为糖类、脂类等,少量用于氧化供能。正常情况下,库内氨基酸的来源与去路处于动态平衡。

各种氨基酸具有共同的结构特点,故有共同的代谢途径。但不同的氨基酸由于侧链结构的差异,也各有其特殊的代谢方式。氨基酸分解代谢的主要途径是通过脱氨基作用生成相应的 α-酮酸和氨;也可通过脱羧基作用产生二氧化碳和胺类。α-酮酸可经糖代谢氧化成二氧化碳和水,并供应能量,也可通过糖异生转变为糖类或脂肪而存在于体内;氨主要在肝转变为尿素,并随尿排出,也可合成谷氨酰胺及其他含氮物质;胺类可继续氧化为二氧化碳和水。氨基酸的代谢概况见图 7-2-1。

二、氨基酸的脱氨基作用

氨基酸分解代谢的主要途径是脱氨基作用,在体内多数组织中均可进行。脱氨基方式包括氧化脱氨基作用、转氨基作用、联合脱氨基作用等,其中以联合脱氨基作用最重要。

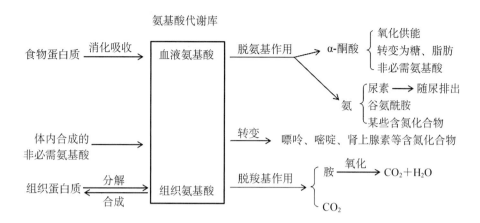

图 7-2-1　氨基酸的代谢概况

(一) 氧化脱氨基作用

氨基酸在氨基酸氧化酶作用下先脱氢生成亚氨基酸,后者再水解成为 α-酮酸和氨。反应式如下。

$$
\begin{array}{c}
\text{COOH} \\
| \\
(\text{CH}_2)_2 \\
| \\
\text{CHNH}_2 \\
| \\
\text{COOH} \\
\text{L-谷氨酸}
\end{array}
\quad
\xrightarrow[\text{L-谷氨酸脱氢酶}]{\text{NAD}^+ \quad \text{NADH}+\text{H}^+}
\quad
\begin{array}{c}
\text{COOH} \\
| \\
(\text{CH}_2)_2 \\
| \\
\text{C}=\text{NH} \\
| \\
\text{COOH} \\
\text{亚谷氨酸}
\end{array}
\quad
\underset{-\text{H}_2\text{O}}{\overset{+\text{H}_2\text{O}}{\rightleftharpoons}}
\quad
\begin{array}{c}
\text{COOH} \\
| \\
(\text{CH}_2)_2 \\
| \\
\text{C}=\text{O} \\
| \\
\text{COOH} \\
\text{α-酮戊二酸}
\end{array}
+ \text{NH}_3
$$

体内催化氨基酸氧化脱氨的酶有多种,其中以 L-谷氨酸脱氢酶最重要。此酶在肝、肾、脑等组织中普遍存在,活性较高,专一性强,它能催化谷氨酸氧化脱氨生成 α-酮戊二酸,脱下的氢由辅酶 NAD⁺ 接受,经呼吸链氧化生成水,同时产生 ATP。L-谷氨酸脱氢酶催化的反应是可逆反应,逆过程是合成非必需氨基酸的途径之一。

(二) 转氨基作用

转氨基作用是指 α-氨基酸在氨基转移酶(又称转氨酶) 的催化下,将它的 α-氨基转移到 α-酮酸的酮基上,生成相应的氨基酸,原来的 α-氨基酸则转变成相应的 α-酮酸的过程,又称氨基移换作用。反应通式如下。

$$
\begin{array}{c}
\text{R}_1 \\
| \\
\text{H-C}-\text{NH}_2 \\
| \\
\text{COOH}
\end{array}
+
\begin{array}{c}
\text{R}_2 \\
| \\
\text{C}=\text{O} \\
| \\
\text{COOH}
\end{array}
\xrightleftharpoons{\text{转氨酶}}
\begin{array}{c}
\text{R}_1 \\
| \\
\text{C}=\text{O} \\
| \\
\text{COOH}
\end{array}
+
\begin{array}{c}
\text{R}_2 \\
| \\
\text{H}-\text{C}-\text{NH}_2 \\
| \\
\text{COOH}
\end{array}
$$

氨基转移酶种类多、分布广,其中丙氨酸氨基转移酶(ALT,又称谷丙转氨酶,GPT) 和天冬氨酸氨基转移酶(AST,又称谷草转氨酶,GOT) 最重要,它们催化的反应式如下。

氨基转移酶催化的反应是可逆反应,所以转氨基作用也是体内合成非必需氨基酸的途径之一。

氨基转移酶主要存在于细胞内,正常人血清中活性很低,它们在各组织中的活性很不均衡(表 7-1)。ALT 在肝细胞中活性最高,而 AST 在心肌细胞中活性最高。当某种原因使细胞膜通透性增大或组织损伤、细胞破裂时,则氨基转移酶可大量释放入血,导致血清中氨基转移酶活性显著增高。例如急性肝炎患者的血清中 ALT 活性显著升高;心肌梗死患者的血清中 AST 明显上升。因此,临床上测定血清中的 ALT 或 AST 的活性既有助于疾病的诊断,也可作为观察疗效和预后的指标之一。

表 7-1 正常成人各组织中 ALT 和 AST 活性(单位/每克湿组织)

组织	ALT	AST	组织	ALT	AST
心	7100	156000	胰腺	2000	28000
肝	44000	142000	肺	700	10000
骨组织	4800	99000	脾	1200	14000
肾	19000	91000	血清	16	20

氨基转移酶的辅酶是维生素 B_6 的磷酸酯,即磷酸吡哆醛和磷酸吡哆胺。在转氨基作用中,辅酶磷酸吡哆醛先从氨基酸接受氨基变成磷酸吡哆胺,磷酸吡哆胺又可将氨基转给 α-酮酸生成相应的氨基酸,而自身又变为磷酸吡哆醛。所以转氨基作用中的磷酸吡哆醛是氨基传递体。

转氨基作用虽在体内普遍存在,但只是将一个氨基酸的氨基转移到 α-酮酸上产生另一个氨基酸,氨基并未真正脱掉。一般认为,体内氨基酸的脱氨基作用主要是通过联合脱氨基作用实现的。

(三)联合脱氨基作用

1. 氨基转移酶和谷氨酸脱氢酶联合脱氨基作用　转氨基作用和谷氨酸氧化脱氨基作用的结合称为联合脱氨基作用。氨基酸首先与 α-酮戊二酸在转氨酶催化下,生成 α-酮酸和谷氨酸,谷氨酸再经 L-谷氨酸脱氢酶催化,进行氧化、脱氨,重新生成 α-酮戊二酸和氨。反应过程见图 7-2-2。

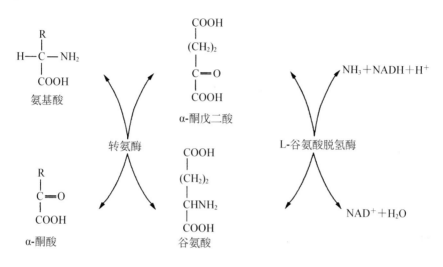

图 7-2-2　联合脱氨基作用

联合脱氨基作用的全过程是可逆的,其逆过程是体内合成非必需氨基酸的主要途径。

上述联合脱氨基作用主要在肝、脑、肾等重要器官中进行,骨骼肌、心肌组织细胞中谷氨酸脱氢酶的活性很低,所以在肌组织中存在着另一种氨基酸脱氨基作用,即嘌呤核苷酸循环。

2. 嘌呤核苷酸循环　嘌呤核苷酸循环的主要过程,首先是通过转氨基作用将氨基转移给草酰乙酸,生成天冬氨酸,后者与次黄嘌呤核苷酸(IMP)反应生成腺苷酸代琥珀酸,再经裂解酶催化生成延胡索酸及腺嘌呤核苷酸(AMP)。AMP 在腺苷酸脱氨酶催化下水解脱氨生成次黄嘌呤核苷酸。此过程称为嘌呤核苷酸循环(图 7-2-3)。

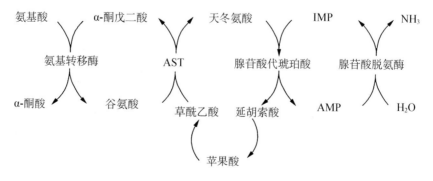

图 7-2-3　嘌呤核苷酸循环

> **重点提示**
>
> 　　氨基酸在体内分解代谢的主要途径是脱氨基作用;联合脱氨基作用是主要的脱氨基方式;谷氨酸脱氢酶在体内非必需氨基酸的合成中起着重要作用;氨基酸脱氨基作用的逆过程是体内合成非必需氨基酸的主要途径。

三、氨的代谢

　　氨基酸在体内各组织中分解代谢产生的氨及从肠道吸收的氨进入血液,形成血氨。动物实验证明,氨具有强烈的神经毒性,如给家兔注射氯化铵,当其血氨含量高过 2.9mmol/L 时即可致死。正常人血氨浓度很低,含量一般不超过 0.06mmol/L,不会发生氨中毒,这是因为血氨的来源和去路保持着一定的动态平衡。氨的来源与去路见图 7-2-4。

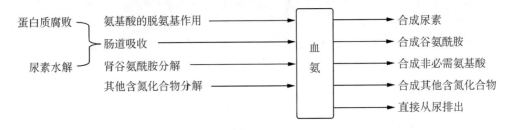

图 7-2-4　血氨的来源与去路

(一) 氨的来源

　　1. 氨基酸脱氨基作用产生的氨　这是体内氨的主要来源。胺类物质、嘌呤和嘧啶等化合物在体内分解也可产生氨。

　　2. 肠道吸收的氨　包括肠道未被消化的蛋白质和未被吸收的氨基酸,经肠道细菌作用产生的氨及血中尿素扩散入肠道,经细菌尿素酶作用水解产生的氨。每日肠道产生的氨约 4g,肠道腐败作用增强时,氨的产生量增多。

　　氨的吸收部位主要在结肠,NH_3 比 NH_4^+ 易于透过细胞膜而被吸收入血。NH_3 与 NH_4^+ 的互变受肠液 pH 的影响,pH 降低,NH_3 与 H^+ 结合成 NH_4^+;pH 升高,游离 NH_3 增加。故肠液 pH>6时,氨大量扩散入血;反之,肠液 pH<6 时,氨扩散入肠腔。临床上对高血氨病人常采用弱酸性透析液做结肠透析,而禁止使用碱性肥皂液灌肠,就是为了减少氨的吸收。

　　3. 肾产生的氨　肾小管上皮细胞含有丰富的谷氨酰胺酶,可催化谷氨酰胺水解产生氨和谷氨酸。酸性尿时,有利于氨以铵盐的形式随尿排出,使血氨降低;碱性尿时,氨被肾小管上皮细胞吸收入血,使血氨升高。临床上对肝硬化腹水的病人,不宜使用碱性利尿药。

(二) 氨的去路

　　1. 尿素的生成　正常情况下体内 80%～90% 的氨在肝内通过鸟氨酸循环合成无毒的尿素,由肾排出。实验证明,将犬的肝切除,其血中及尿中的尿素含量减少。若将犬的肝、肾同时切除,其血氨浓度升高;急性肝坏死患者的血、尿中几乎不含尿素,而氨基酸的含量增多。由此得知,肝是合成尿素的主要器官。肾及脑组织也可合成尿素,但合成量甚微。鸟氨酸循环过程在肝线粒体和细胞质中进行,又称尿素循环,其基本过程见图 7-2-5。

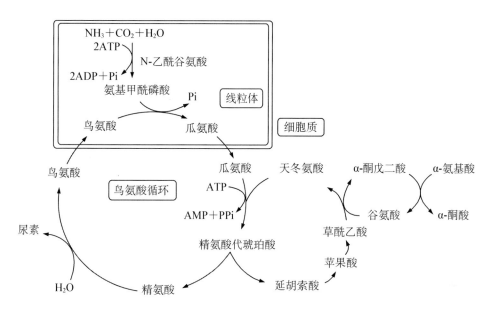

图 7-2-5　鸟氨酸循环

鸟氨酸循环要点:①是不可逆的耗能过程,每循环一次可使 2 分子氨和 1 分子二氧化碳合成 1 分子尿素,同时消耗 3 分子 ATP;②天冬氨酸在反应中提供 NH_3;③鸟氨酸、瓜氨酸和精氨酸对尿素合成有促进作用,故临床上常给予精氨酸治疗高血氨。

2. 谷氨酰胺的合成　在肝、脑、肌肉等组织细胞中,氨和谷氨酸在谷氨酰胺合成酶的催化下合成无毒的谷氨酰胺,并由 ATP 供能(反应式如下)。谷氨酰胺经血液运到肝或肾,再经谷氨酰胺酶催化水解为谷氨酸和氨。在肾小管管腔中,NH_3 与 H^+ 结合成 NH_4^+,随尿排出。谷氨酰胺的合成不仅参加蛋白质的生物合成,而且也是体内储氨、运氨及解除氨毒性的重要方式。临床上肝性脑病患者可口服或静脉滴注谷氨酸盐,以降低氨的浓度。

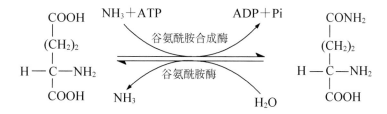

3. 氨代谢的其他途径　体内的氨可以合成非必需氨基酸,还可以参加嘌呤及嘧啶等化合物的合成。

重点提示

正常生理情况下,血氨的来源和去路保持着一定的动态平衡,血氨浓度相对恒定,尿素的生成是维持这种动态平衡的关键。

(三)高血氨和氨中毒

在正常生理情况下,血氨的来源与去路保持动态平衡,故血氨浓度很低。氨在肝内合成尿素是维持这种平衡的关键。当肝功能严重受损时,尿素合成障碍,血氨浓度升高,超过正常值,称为高血氨。血氨浓度升高可引起神经系统疾病,诱发肝性脑病。大量氨进入脑组织后,可与脑中的 α-酮戊二酸结合生成谷氨酸,氨也可与脑中的谷氨酸结合生成谷氨酰胺,使脑细胞中的 α-酮戊二酸减少,导致三羧酸循环减弱,从而使脑组织中 ATP 生成减少,大脑因供能不足而功能障碍,严重时可发生昏迷,这就是肝性脑病(肝昏迷)的氨中毒学说。严重肝疾病患者应控制食物蛋白质的摄入。

四、α-酮酸的代谢

氨基酸脱氨基作用产生的 α-酮酸在体内有三条代谢途径。

$$\alpha\text{-酮酸}\begin{cases}\text{氧化分解供给能量}\\\text{氨基化生成非必需氨基酸}\\\text{转变为糖和脂肪}\end{cases}$$

(一)经氨基化作用生成非必需氨基酸

α-酮酸主要经转氨基化作用或联合脱氨基作用的逆过程再合成相应的非必需氨基酸。

(二)转变成糖和脂肪

体内大多数氨基酸脱氨后生成的 α-酮酸可转变为葡萄糖、酮体、脂肪。能转变为糖的氨基酸称为生糖氨基酸,如丙氨酸、天冬氨酸、半胱氨酸等;能转变为酮体的氨基酸称为生酮氨基酸,如亮氨酸和赖氨酸;既可转变为糖,也能生成酮体的氨基酸称为生糖兼生酮氨基酸,如苯丙氨酸、色氨酸、苏氨酸、酪氨酸、异亮氨酸等。

(三)氧化供能

α-酮酸在体内可通过三羧酸循环彻底氧化为二氧化碳和水,并释放能量供机体利用。

第三节 个别氨基酸的代谢

氨基酸除一般分解代谢外,还有其特殊的代谢途径,并生成某些重要的生理活性物质。本节主要介绍氨基酸的脱羧基作用、一碳单位的代谢、甲硫氨酸的代谢和芳香族氨基酸的代谢。

一、氨基酸的脱羧基作用

人和动物组织中的某些氨基酸在氨基酸脱羧酶的催化下脱去羧基生成二氧化碳和胺的过程称为氨基酸的脱羧基作用。脱羧酶大多数以磷酸吡哆醛为辅酶。

(一)胺的生成

氨基酸脱羧生成的胺类物质在生理浓度时具有重要的生理功能,但这些物质在体内蓄积,则会引起神经和心血管系统的功能紊乱。体内广泛存在胺氧化酶,可催化胺类物质氧化成醛、氨和 H_2O_2,醛继续氧化成酸,酸再氧化成二氧化碳和水或随尿排出,从而避免胺类物质在体内蓄积引起中毒。总反应式如下。

$$RCH_2NH_2+O_2+H_2O \xrightarrow{\text{胺氧化酶}} RCHO+H_2O_2+NH_3$$
$$\text{胺} \qquad\qquad\qquad\qquad \text{醛}$$

$$RCHO+1/2\ O_2 \longrightarrow RCOOH$$
$$\text{醛} \qquad\qquad\qquad \text{酸}$$

(二)几种重要的胺类物质

1. γ-氨基丁酸(GABA)　由谷氨酸在谷氨酸脱羧酶的催化下脱去羧基生成的。γ-氨基丁酸是一种抑制性神经递质,有抑制中枢神经的作用,临床上用作镇静药。

$$\text{谷氨酸} \xrightarrow{\text{谷氨酸脱羧酶}} \text{γ-氨基丁酸}+CO_2$$

2. 组胺　由组氨酸经组氨酸脱羧酶催化脱去羧基生成。组胺是一种强烈的血管舒张剂,可引起血管扩张、毛细血管的通透性增加、平滑肌收缩、刺激胃黏膜细胞分泌胃蛋白酶及胃酸等生理效应。当组胺释放过多时,可引起血压下降甚至休克,也可引起支气管痉挛而发生哮喘。

$$\text{组氨酸} \xrightarrow{\text{组氨酸脱羧}} \text{组胺}+CO_2$$

3. 5-羟色胺(5-HT)　色氨酸经色氨酸羟化酶催化生成 5-羟色氨酸,后者再经 5-羟色氨酸脱羧酶催化脱去羧基生成 5-羟色胺。5-羟色胺广泛存在于体内各组织,脑组织中的 5-羟色胺是一种抑制性神经递质,对中枢神经有抑制作用,与睡眠、疼痛和体温调节有关;是情感障碍共同的生化基础;外周组织中的 5-羟色胺具有收缩血管、升高血压的作用。

$$\text{色氨酸} \xrightarrow{\text{色氨酸羟化}} \text{5-羟色氨酸} \xrightarrow{\text{5-羟色氨酸脱羧}} \text{5-羟色胺}+CO_2$$

4. 儿茶酚胺类　由芳香族氨基酸在代谢过程中转变生成。

多巴胺、去甲肾上腺素、肾上腺素统称为儿茶酚胺类。多巴胺、去甲肾上腺素为神经递质,肾上腺素为肾上腺髓质合成、分泌的激素。儿茶酚胺类对中枢神经系统有兴奋作用,并参与血糖浓度和血压的调节。

5. 多胺　某些氨基酸脱羧基作用可以产生多胺,如鸟氨酸脱羧基生成腐胺,腐胺再转变成精脒和精胺。

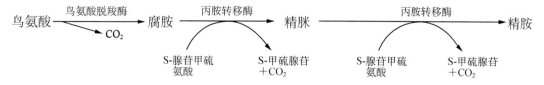

多胺是调节细胞生长的重要物质。实验证明,生长旺盛的组织(如胚胎、再生肝、肿瘤组织等)中多胺的含量有所增加,因而推测它可能有促进核酸及蛋白质合成的作用。临床上将测定肿瘤病人血、尿中多胺的含量作为观察病情和辅助诊断的生化指标之一。

二、一碳单位的代谢

(一)一碳单位的概念

某些氨基酸在体内分解代谢的过程中产生的含有一个碳原子的基团,称为一碳单位或一碳基团,如甲基($—CH_3$)、亚甲基($—CH_2—$)、次甲基($—CH=$)、甲酰基($—CHO$)、亚氨甲基($—CH=NH$)等。

(二)一碳单位的载体

一碳单位不能游离存在,在代谢过程中需要辅酶作为其载体。四氢叶酸(FH_4)是一碳单位的载体,也是一碳单位转移酶的辅酶,它是由叶酸还原生成的。一碳单位与四氢叶酸(FH_4)结合而被携带和转运,故将一碳单位的转运和代谢称为一碳单位的代谢。

$$叶酸 \xrightarrow[NADPH+H^+ \quad NADP^+]{二氢叶酸还原酶} 二氢叶酸 \xrightarrow[NADPH+H^+ \quad NADP^+]{二氢叶酸还原酶} 四氢叶酸$$

四氢叶酸的结构如下。

(三)一碳单位的来源与互变

一碳单位主要来源于丝氨酸、甘氨酸、组氨酸和色氨酸的代谢。一碳单位的来源与互变见图 7-3-1。

(四)一碳单位代谢的生理意义

1. 参与嘌呤、嘧啶的生物合成。一碳单位是氨基酸代谢的产物,是合成嘌呤和嘧啶的原料,嘌呤、嘧啶是核酸的重要组成成分,所以,一碳单位的代谢与细胞增殖、组织的生长和机体发育等重要生物学过程密切相关。一碳单位代谢障碍可导致 DNA、RNA 及蛋白质生物合成受阻,从而引起某些疾病,如巨幼红细胞性贫血等。磺胺药及某些抗肿瘤药也是通过干扰细菌及肿瘤细胞的叶酸、FH_4 合成来影响一碳单位代谢与核酸合成而发挥药理作用。

2. 一碳单位参与 S-腺苷甲硫氨酸的合成,可为体内许多重要生理活性物质(激素、核酸等)的合成提供甲基,参与体内甲基化反应。因其与体内氨基酸、核酸代谢密切相关,所以对机体生命活动具有重要意义。

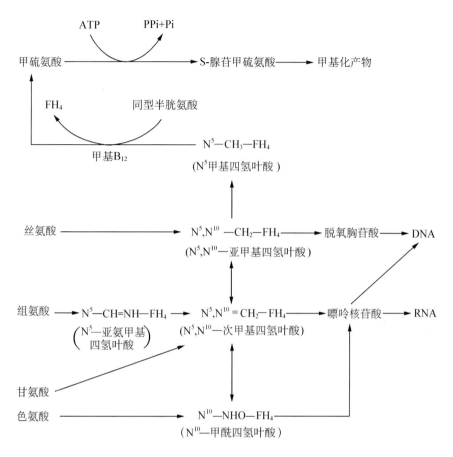

图 7-3-1　一碳单位的来源与互变

三、甲硫氨酸代谢

甲硫氨酸与 ATP 反应生成 S-腺苷甲硫氨酸,它是体内具有活泼甲基的化合物,故又称活性甲硫氨酸。S-腺苷甲硫氨酸在转甲基酶的催化下,通过转甲基作用生成多种含甲基的生理活性物质,如胆碱、肌酸、肾上腺素等。S-腺苷甲硫氨酸供出甲基后转化为 S-腺苷同型半胱氨酸。后者脱去腺苷生成同型半胱氨酸。同型半胱氨酸在 N^5-甲基四氢叶酸转甲基酶催化下,由 N^5-甲基四氢叶酸提供甲基重新生成甲硫氨酸。这一循环过程称为甲硫氨酸循环(图 7-3-2)。

维生素 B_{12} 是 N^5-甲基四氢叶酸转甲基酶的辅酶,它以甲基 B_{12} 形式参与反应。若维生素 B_{12} 缺乏,N^5-甲基四氢叶酸的甲基不能转移给同型半胱氨酸,不仅影响了甲硫氨酸的合成,同时由于结合了甲基的四氢叶酸不能转变为四氢叶酸再转运一碳单位,致使核酸合成障碍,影响细胞分裂,从而导致巨幼红细胞性贫血。

甲硫氨酸循环的生理意义是将不同来源的一碳单位转变为活性甲基,参与体内各种甲基化反应。

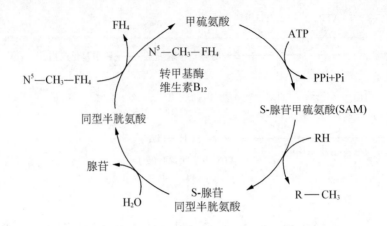

图 7-3-2　甲硫氨酸循环

四、芳香族氨基酸的代谢

芳香族氨基酸包括酪氨酸、色氨酸及苯丙氨酸。

(一) 苯丙氨酸与酪氨酸的代谢

苯丙氨酸在苯丙氨酸羟化酶的催化下生成酪氨酸,也可进行脱氨基作用生成苯丙酮酸。酪氨酸可分解生成乙酰乙酸和延胡索酸,所以酪氨酸是生糖兼生酮氨基酸;酪氨酸在黑色素细胞中经酪氨酸酶的催化作用生成黑色素;酪氨酸残基经碘化生成甲状腺素;经羟化生成多巴,多巴脱羧生成多巴胺,再经羟化生成去甲肾上腺素,去甲肾上腺素经甲基化转变为肾上腺素(图 7-3-3)。多巴胺、去甲肾上腺素、肾上腺素三者统称为儿茶酚胺,均为神经递质。

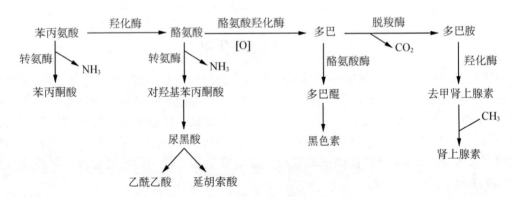

图 7-3-3　苯丙氨酸和酪氨酸的代谢过程

人体毛发、皮肤等组织中所含的黑色素均由多巴经氧化、脱羧等反应生成。先天缺乏酪氨酸酶的病人,因不能合成黑色素,皮肤、毛发等呈白色,称为白化病;先天性苯丙氨酸羟化酶缺乏时,苯丙氨酸不能羟化为酪氨酸,使大量苯丙酮酸及其代谢产物从尿中排出,称为苯丙酮尿症;先天性尿黑酸氧化酶缺陷的病人,尿黑酸氧化障碍,排出的尿液呈黑色,称为尿黑酸症。

(二)色氨酸的代谢

色氨酸在分解代谢过程中除可产生 5-羟色胺外,还可分解生成丙氨酸和乙酰辅酶 A,所以色氨酸是生糖兼生酮氨基酸。色氨酸在体内也可转变成尼克酸(维生素 PP),这是体内合成维生素的特例,因合成量甚少,仍需食物供给来满足机体需要。

第四节　糖、脂肪、氨基酸在代谢上的联系

机体内的新陈代谢是一个完整统一的过程,同一细胞内各代谢过程均有规律地进行,它们之间既相互联系,又彼此制约。糖、脂肪、氨基酸在代谢过程中的密切联系是通过它们之间的共同中间代谢产物如丙酮酸、草酰乙酸、乙酰辅酶 A 及 α-酮戊二酸等相互沟通的。体内糖、脂肪、氨基酸代谢之间的相互联系见图 7-4-1。

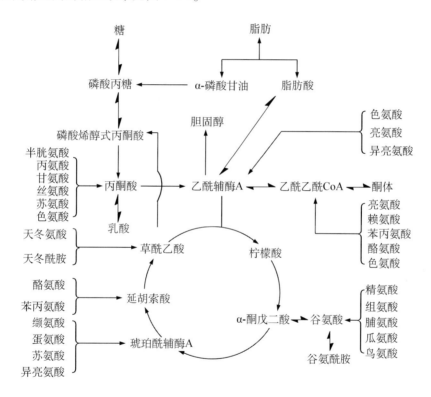

图 7-4-1　糖、脂肪、氨基酸代谢之间的相互联系

一、糖与脂肪在代谢上的联系

糖在体内极易转变为脂肪。糖代谢生成的磷酸二羟丙酮可还原为甘油。糖的有氧氧化生成的乙酰辅酶 A 是合成脂肪酸和胆固醇的原料。因此进食过多的糖、运动又少的人容易发胖。

脂肪分解生成的甘油可转变为磷酸二羟丙酮,经糖异生途径生成糖。脂肪酸氧化生成的乙酰辅酶 A 不能通过糖异生转变为丙酮酸再生成糖,因此脂肪酸不能直接转变为糖。

二、糖与氨基酸在代谢上的联系

糖在体内可转变为几种非必需氨基酸,如糖分解代谢的中间产物丙酮酸、α-酮戊二酸、草酰乙酸经氨基化反应后分别生成丙氨酸、天冬氨酸和谷氨酸。糖转变为氨基酸只提供 α-酮酸,氨基由氨基酸通过氨基移换作用提供,因此,糖转变为氨基酸不能增加体内氨基酸的数量,只能调整某些氨基酸之间的比例。

氨基酸脱氨基生成 α-酮酸,后者是糖代谢的中间产物,如丙氨酸、甘氨酸、半胱氨酸及丝氨酸等可生成丙酮酸;谷氨酸、组氨酸、精氨酸及鸟氨酸等可转变成 α-酮戊二酸;苯丙氨酸和酪氨酸可转变为延胡索酸;天冬氨酸可生成草酰乙酸。上述中间产物都能经糖异生途径生成糖,所以氨基酸在体内可以转变为糖。

三、脂肪与氨基酸在代谢上的联系

脂肪动员生成的甘油可转变为磷酸丙糖,生成某些 α-酮酸,再经氨基化作用合成营养非必需氨基酸。脂肪酸氧化生成的乙酰辅酶 A,虽可进入三羧酸循环生成 α-酮酸,再通过脱氨基作用生成相应的氨基酸,但需消耗三羧酸循环的成分才能实现。

生糖氨基酸与生酮氨基酸在代谢过程中都能转变为乙酰辅酶 A,进而合成脂肪酸再合成脂肪。生糖氨基酸可合成甘油。

重点提示

糖、脂肪、氨基酸在代谢过程中是相互联系、彼此制约的,三羧酸循环是它们之间相互联系的枢纽。

讨论与思考

病例分析:

1. 患者男性,60 岁。肝硬化 5 年,大量腹水,入院后给予利尿药治疗,腹水量明显减少。近日为补充营养,家人让其口服蛋白粉。今日患者淡漠少言、反应迟钝、言语不清,有双手扑翼样震颤等症状。

(1)请对患者做出初步诊断。

(2)出现临床症状的诱因是什么?

(3)对于该患者的饮食护理,应注意些什么?

2. 患者女性,47 岁,农民。因反复发作性昏迷半年,今发病 7h 入院。患者始于半年前凌晨时出现意识丧失,在当地医院给予输液,约 4h 后清醒。醒后患者未诉不适,照常劳动与生活。后又发生类似现象 2 次,均经休息约 6h 后好转。昨晚在亲戚家进食 2 个鸡蛋,约 300g 烤鸭及少量猪肉等,今晨又出现昏迷,经观察 7h 后未清醒送入医院,做头颅 CT 检查无异常,以"昏迷"收住院。体检:中度昏迷,消瘦,皮肤偏黑,腹稍凹陷,肝未触及,无瘫痪征,腱反射减弱,病理反射及脑膜刺激征阴性。脑电图散在性慢波,偶有三相波。心电监测无异常。立即予甘露醇 250ml 静脉滴注及输液,约 3h 后清醒。醒后检查其记忆力、判断力、计算力等均正常。

追问病史,患者来自血吸虫病疫区,3 年前因脾大行脾切除;每次发病前均有进食高蛋白食物史。肝功能检查:血氨 150μmol/L,血清清蛋白 38.2g/L,球蛋白 27.4g/L,A/G 比值 1.4∶1,总胆红素 15.2μmol/L,ALT 135U/L,AST 45U/L。B 超检查示血吸虫性肝纤维化。

　　问题讨论:(1)请分析患者病情,做出初步诊断。

　　　　　　(2)该病的发病机制是什么?

　　　　　　(3)应如何治疗?对于饮食控制有什么注意事项?

(柴京娟)

第 8 章

核酸代谢和蛋白质的生物合成

学习要点

1. 核苷酸的合成原料、主要分解终产物和临床意义
2. 遗传信息传递的中心法则
3. DNA 半保留复制、转录的概念及主要过程，反转录、翻译的概念
4. 三种 RNA 在蛋白质生物合成中的作用
5. 常用抗生素阻断蛋白质合成的生化机制

核酸是遗传的物质基础，蛋白质是遗传信息表达的产物。核酸代谢和蛋白质的生物合成与生物的生长、繁殖、遗传、变异等生命现象密切相关。学习本章知识，对了解病毒性疾病、放射病、遗传病、肿瘤及某些药物的作用机制等有重要意义。

第一节　核酸的代谢

食物中的核酸多以核蛋白的形式存在，受胃酸作用分解为核酸和蛋白质。核酸主要在小肠中被消化，在各种水解酶作用下，最终分解为碱基、戊糖和磷酸。这些消化产物在小肠上部被吸收，经门静脉入肝。吸收入体内的磷酸和戊糖可用来再合成核酸，而碱基大部分被分解排出体外。食物中的核苷酸很少被机体直接吸收利用，人体所需的核苷酸主要由机体自身合成。

一、核苷酸的合成代谢

体内核苷酸的合成存在从头合成和补救合成两种途径，一般情况下，前者是合成的主要途径。

（一）嘌呤核苷酸的合成代谢

1. 从头合成途径　机体以 5-磷酸核糖、甘氨酸、天冬氨酸、谷氨酰胺、一碳单位及 CO_2 等简单物质为原料合成嘌呤核苷酸的过程，称为嘌呤核苷酸的从头合成。合成的主要器官是肝，在胞液中进行。

首先在 5-磷酸核糖基础上生成 5-磷酸核糖-1-焦磷酸（PRPP），然后经过一系列酶促反应，

生成次黄嘌呤核苷酸(IMP),再由 IMP 分别转变为 AMP 和 GMP(图 8-1-1)。AMP 与 GMP 在激酶的催化下经两步磷酸化,分别生成 ATP 与 GTP。嘌呤核苷酸从头合成的重要特点是在磷酸核糖分子上逐步合成嘌呤环。

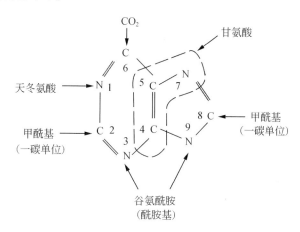

图 8-1-1　嘌呤环上各原子的来源

嘌呤核苷酸分子中 C_2、C_8 来自一碳单位,它们由四氢叶酸携带。抗癌药物如甲氨蝶呤(MTX)干扰一碳单位代谢,抑制嘌呤核苷酸的合成;6-巯基嘌呤(6MP)可抑制 IMP 转变为 AMP 与 GMP。由于它们干扰核酸及蛋白质的合成,故有抗肿瘤作用。

2. 补救合成途径　在体内,细胞利用嘌呤碱或嘌呤核苷合成嘌呤核苷酸的过程,称为嘌呤核苷酸的补救合成途径。

脑、骨髓、红细胞等由于缺乏从头合成嘌呤核苷酸的酶系,只能进行补救合成。

由于基因缺陷,导致儿童体内与补救合成有关的酶(如次黄嘌呤鸟嘌呤磷酸核糖转移酶,HGPRT)完全缺失,则可引起自毁容貌症,患儿智力发育障碍,共济不佳,并有咬自己口唇、手指、足趾等自毁容貌的表现;若基因部分缺失,可引起高尿酸血症和痛风症。

> **重点提示**
>
> 1. 体内核苷酸的合成存在从头合成和补救合成两种途径。一般情况下,从头合成是主要途径。
>
> 2. 次黄嘌呤鸟嘌呤磷酸核糖转移酶完全缺失,可引起自毁容貌症;部分缺失可引起高尿酸血症和痛风症。
>
> 嘌呤在体内分解代谢的终产物是尿酸,痛风症主要是由于嘌呤代谢异常、尿酸生成过多而引起。

(二)嘧啶核苷酸的合成

1. 嘧啶核苷酸的从头合成　机体利用谷氨酰胺、CO_2、天冬氨酸和 5-磷酸核糖等小分物质合成嘧啶核苷酸的过程,称为嘧啶核苷酸的从头合成。

此过程主要在肝进行。首先由谷氨酰胺与 CO_2 生成氨基甲酰磷酸,再与天冬氨酸、PRPP 进行一系列反应生成 UMP。UMP 在激酶催化下生成 UTP,UTP 可氨基化生成 CTP(图 8-1-2)。

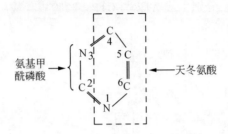

图 8-1-2 嘧啶环上各原子的来源

2. 嘧啶核苷酸的补救合成 嘧啶碱、嘧啶核苷可在酶的催化下,生成嘧啶核苷酸。

(三)脱氧核苷酸的合成

脱氧核苷酸由核糖核苷酸还原生成。还原反应在二磷酸核苷水平上进行,由核糖核苷酸还原酶催化。生成的二磷酸脱氧核苷再经激酶催化,生成三磷酸脱氧核苷。反应式如下。

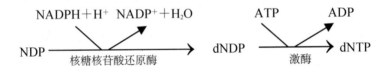

抗肿瘤药物羟基脲即是核糖核苷酸还原酶的抑制剂,干扰脱氧核苷酸的合成。

脱氧胸苷酸(dTMP)的合成是由脱氧尿苷酸甲基化生成的。甲基由 N^5、N^{10}-甲烯四氢叶酸提供,反应由胸苷酸合成酶催化。

细菌、病毒、肿瘤细胞在生长繁殖时,都需大量核酸和蛋白质的合成。在临床上,常用一些抗代谢物如 6-巯基嘌呤(6-MP)、5-氟尿嘧啶(5-FU)、甲氨蝶呤(MTX)、氮杂丝氨酸等,分别与次黄嘌呤、尿嘧啶、叶酸、谷氨酰胺相拮抗而抑制相应酶的催化,从而干扰核苷酸和脱氧核苷酸的合成,以达到抑制病菌和控制肿瘤的目的。

二、核苷酸的分解代谢

(一)嘌呤核苷酸的分解代谢

细胞中的嘌呤核苷酸在酶的催化下,生成嘌呤碱及 1-磷酸核糖。后者转变为 5-磷酸核糖,参与合成新的核苷酸或经磷酸戊糖途径氧化分解。嘌呤碱分解代谢的终产物是尿酸,随尿排出体外。

$$嘌呤核苷酸 \longrightarrow \begin{cases} 嘌呤碱 \longrightarrow 尿酸 \\ 1\text{-}磷酸核糖 \longrightarrow 5\text{-}磷酸核糖 \end{cases}$$

正常人血浆中尿酸含量为 0.12~0.36 mmol/L,当血浆中尿酸的含量超过 0.48 mmol/L 时,尿酸盐晶体即可沉积于关节、软组织、软骨及肾等处,而引起痛风症。患者日常饮食中应避免高嘌呤食物(如豆类、啤酒、海鲜等)的摄入,使尿酸的生成减少,减轻并抑制痛风症状。体内核酸大量分解(如白血病、恶性肿瘤等)或肾疾病引起尿酸排泄障碍时,也可导致血中尿酸含量升高。临床上常用与次黄嘌呤结构相似的竞争性抑制剂别嘌呤醇治疗痛风症。

(二)嘧啶核苷酸的分解代谢

嘧啶核苷酸的分解主要在肝内进行。胞嘧啶、尿嘧啶降解的终产物是 NH_3、CO_2 及 β-丙氨酸;胸腺嘧啶降解的终产物是 NH_3、CO_2 及 β-氨基异丁酸。β-氨基异丁酸可直接随尿排出或进一步分解。食入含 DNA 丰富的食物、经放射线或化学治疗的恶性肿瘤患者,尿中 β-氨基异丁酸排出增多,故检测尿中 β-氨基异丁酸的含量可作为临床治疗的一项检测指标。

> **重点提示**
>
> 嘌呤在体内分解代谢的终产物是尿酸,痛风症主要是由于嘌呤代谢异常、尿酸生成过多引起的。

第二节　DNA 的生物合成

DNA 通过复制将遗传信息代代相传,通过转录和翻译将遗传信息表达为蛋白质。1958年,Crick 将遗传信息通过复制、转录、翻译传递的方式,归纳为中心法则。1970 年,Temin 和 Baltimore 发现一些病毒 RNA 也有携带遗传信息并进行自我复制的能力,并能以 RNA 为模板指导合成 DNA,对中心法则提出了补充和修正。补充和修正后的中心法则见图 8-2-1。

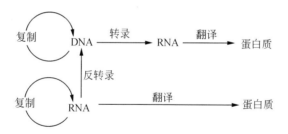

图 8-2-1　中心法则

一、DNA 的复制

(一)DNA 的复制方式

DNA 的复制方式为半保留复制。当 DNA 复制时,亲代 DNA 双链解离成两条单链,称为母链。两条母链分别作为模板,按碱基互补配对原则(A-T、G-C),合成与模板互补的子链。由于亲代 DNA 的两条链彼此互补,这样新形成的两个子代 DNA 分子完全相同,它们的碱基顺序与亲代 DNA 分子的碱基顺序完全一致。在每个子代 DNA 分子中,一条链来自亲代 DNA,另一条链是新合成的,这种复制方式称为半保留复制(图 8-2-2)。

复制需要 dATP、dGTP、dCTP、dUTP 等 4 种三磷酸脱氧核苷作原料,DNA 聚合酶等多种酶参与催化。

(二)DNA 的复制过程

DNA 复制主要过程如下。

1. 辨认起始点　根据对微生物的研究所得资料,DNA 复制时,首先由引物酶辨认复制的起始点。

2. DNA 解链、解旋　在起始点上,由于解链酶和拓扑异构酶的作用,使 DNA 双链解开,并使 DNA 的超螺旋结构变为松弛状态。DNA 结合蛋白与单链 DNA 紧密结合,使之维持单链状态,并免受核酸酶水解。每个复制点成叉状,称复制叉。

3. RNA 引物的生成　以解开的 DNA 双链的一段为模板,在引物酶的催化下,以三磷酸核糖核苷为底物,按 5'→3' 方向合成 RNA 引物。引物约含十个至数十个核苷酸,具有 3'-OH 末端。

4. DNA 领头链与随从链的生成　在 DNA 聚合酶的催化下,从 RNA 引物的 3'-OH 末端开始,以三磷酸脱氧核苷为原料,以两条 DNA 链为模板,按碱基配对原则,沿 5'→3' 方向合成互补的 DNA 链。由于 DNA 分子的两条链是反向平行的,所以新链合成的方向不同。一条链向复制叉的方向复制,能连续进行合成,此链称为领头链;而另一条链由复制叉处向相反方向复制,复制一段之后,待模板解链出足够长度,再重新进行复制。这条一段一段不连续合成的链,称为随从链。在复制中这种不连续合成的 DNA 片段,称为冈崎片段。真核生物冈崎片段较短,有一二百至数百个核苷酸。

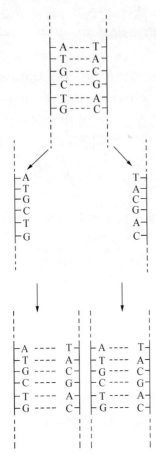

图 8-2-2　DNA 的半保留复制

5. RNA 引物的水解　DNA 片段合成到一定长度后,DNA 聚合酶或 RNA 酶将 RNA 引物水解除去。

6. 完整 DNA 分子的形成　RNA 引物除去后,在冈崎片段间便留下了间隙,在 DNA 聚合酶催化下,按 5'→3' 方向又合成 DNA 进行填补,最后由 DNA 连接酶催化,将冈崎片段连接起来,形成完整的 DNA 分子。领头链的引物被水解后,也需 DNA 聚合酶催化填补空隙、连接酶催化缝合缺口(图 8-2-3)。

二、反　转　录

以 RNA 为模板合成 DNA 的过程称为反转录或逆转录。这是 DNA 合成的一种特殊形式。催化反转录过程的酶称为反转录酶,也称依赖 RNA 的 DNA 聚合酶。

反转录酶存在于所有致癌 RNA 病毒中,可能与被病毒感染的细胞恶性转化有关。致癌病毒中存在癌基因,现已证实其中所含的癌基因有 40 余种。致癌 RNA 病毒进入细胞后,在胞液中脱去外壳,以病毒 RNA 为模板,在反转录酶的催化下合成一条互补的 DNA 链(cDNA),形成 RNA-cDNA 杂交体。在此酶作用下,杂交体中的 RNA 当即被除去,以 cDNA 为模板,在依赖 DNA 的 DNA 聚合酶催化下,形成双链 DNA 分子。从 RNA 合成的

DNA 含有病毒的癌基因,它往往整合入宿主细胞染色体的 DNA 中去,在静止(即不表达)状态下,可下传多代;但在某些情况下,病毒基因被激活而使病毒复制,并可使宿主细胞恶性变(图 8-2-4)。

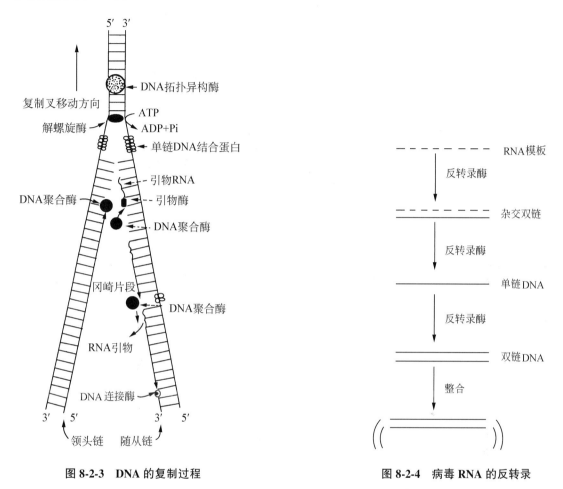

图 8-2-3 DNA 的复制过程   图 8-2-4 病毒 RNA 的反转录

重点提示

1. DNA 通过复制将遗传信息代代相传,通过转录和翻译将遗传信息表达为蛋白质。
2. DNA 复制是以亲代 DNA 为模板合成子代 DNA 的过程,复制的方式为半保留复制。
3. 某些 RNA 病毒在反转录酶的作用下,以 RNA 为模板合成 DNA,称为反转录。

第三节　RNA 的生物合成

一、转　　录

(一)转录的概念

以 DNA 为模板合成 RNA,从而将遗传信息传递到 RNA 分子中的过程即为转录。转录是 RNA 生物合成的最主要方式。转录需要 DNA 作模板,ATP、GTP、CTP、UTP 等 4 种三磷酸核苷作为原料,RNA 聚合酶催化。

作为模板的 DNA 在某一基因节段内只有一条链有转录功能,这条链称为有意义链;而另一条链无转录功能,称为反意义链。在 DNA 双链上,各基因的有意义链不一定是同一条链,转录的这种选择性称为不对称转录(图 8-3-1)。

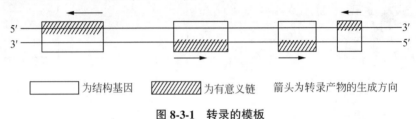

| 为结构基因　　　 为有意义链　　　箭头为转录产物的生成方向

图 8-3-1　转录的模板

(二)RNA 转录过程

转录过程可分为起始、延长和终止 3 个阶段:

1. 起始　RNA 聚合酶以其 σ 亚基辨认有意义链和转录的起始区,然后与之结合,并使 DNA 双链解开 4~8 个碱基对。在起始点上,与模板相配对的两个相邻核苷酸在 RNA 聚合酶催化下形成二核苷酸。

2. 延长　二核苷酸形成后,σ 亚基脱落,与另一核心酶结合再发挥作用。剩下的核心酶构象发生改变,使酶沿 DNA 模板链按 3′→5′的方向移动,利用 4 种三磷酸核苷为原料,使 RNA 链按 5′→3′的方向不断合成、延长。在此过程中,新合成的 RNA 链逐渐与模板分离,已被转录的 DNA 链又重新形成双螺旋结构。

3. 终止　DNA 模板上靠近转录终止处有终止信号,核心酶移动到该处便停止转录,新合成的 RNA 链及 RNA 聚合酶便从模板脱落(图 8-3-2)。

二、RNA 的复制

某些病毒、噬菌体的遗传信息储存在 RNA 中,当它们进入宿主细胞后,可通过 RNA 复制酶,以病毒 RNA 为模板,以 4 种三磷酸核苷为原料,进行病毒 RNA 的复制。

例如,Ⅳ类动物病毒、脊髓灰质炎病毒的遗传物质是单链 RNA,该单链 RNA 可直接作为 mRNA 指导翻译蛋白质,称为正链 RNA。感染宿主细胞后,利用宿主细胞的翻译系统指导合成 RNA 复制酶,该酶以正链 RNA 为模板合成与之互补的 RNA,称为负链。然后负链从正链模板上释放出来,同一个酶又吸附到负链 RNA 的 3′末端,合成出正链 RNA 与外壳蛋白装配成的病毒颗粒。

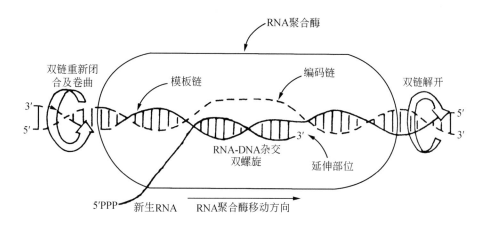

图 8-3-2　转录

重点提示

1. 转录是 RNA 生物合成的最主要方式。
2. 某些病毒、噬菌体的遗传物质为 RNA。可进行病毒 RNA 的复制。

第四节　蛋白质的生物合成

蛋白质的生物合成除需要氨基酸作为原料外,还需要 mRNA、tRNA、rRNA、有关的酶和蛋白质因子、ATP、GTP 以及无机离子等。

一、RNA 在蛋白质合成中的作用

(一) mRNA

mRNA 含有遗传信息,是合成蛋白质肽链的直接模板。在 mRNA 分子中含有 A、G、C、U 4 种碱基,从 $5'→3'$ 的方向,每 3 个相邻的核苷酸(或碱基)为一组形成三联体,在蛋白质生物合成时代表某一种氨基酸信息,称为三联体密码或遗传密码,简称密码子。

4 种核苷酸可组成 4^3 种即 64 种密码,其中有 61 种分别代表不同的氨基酸。多数氨基酸有 2~4 种密码,多的可有 6 种。

还有 3 种密码(UAA、UAG、UGA)不代表任何氨基酸,是肽链合成的终止密码。AUG 是甲硫氨酸的密码,也是肽链合成的起始密码(表 8-1)。

起始密码 AUG 总是位于 mRNA 5′端,终止密码位于 3′端,中间是信息区,所以翻译过程是沿 mRNA 的 $5'→3'$ 方向进行的。翻译时连续读码,每个碱基只读一次。正是 mRNA 分子中的碱基顺序决定了蛋白质中氨基酸的排列顺序。

这套遗传密码对所有生物基本通用,这是对生物具有同一起源的进化论学说的有力支持。

表 8-1　遗传密码表

第一碱基 (5′端)	第二碱基				第三碱基 (3′端)
	U	C	A	G	
U	UUU UUC 苯丙氨酸 UUA UUG 亮氨酸	UCG UCC UCA UCG 丝氨酸	UAG UAC 酪氨酸 UAA UAG 终止密码	UGU UGC 半胱氨酸 UGA 终止密码 UGG 色氨酸	U C A G
C	CUU CUC CUA CUG 亮氨酸	CCU CCC CCA CCG 脯氨酸	CAU CAC 组氨酸 CAA CAG 谷氨酰胺	CGU CGC CGA CGG 精氨酸	U C A G
A	AUU AUC 异亮氨酸 AUA AUG 甲硫氨酸	ACU ACC ACA ACG 苏氨酸	AAU AAC 天冬酰胺 AAA AAG 赖氨酸	AGU AGC 丝氨酸 AGA AGG 精氨酸	U C A G
G	GUU GUC GUA GUG 缬氨酸	GCU GCC GCA GCG 丙氨酸	GAU GAC 天冬酰胺 GAA GAG 谷氨酸	GGU GGC GGA GGG 甘氨酸	U C A G

(二) tRNA

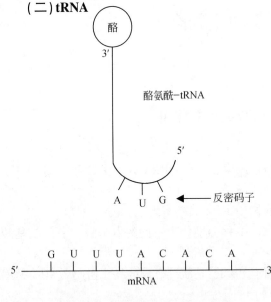

图 8-4-1　密码和反密码的碱基配对

tRNA 是转运氨基酸的工具。一种 tRNA 只能转运一种氨基酸,而一种氨基酸常有 2~6 种 tRNA 来转运。tRNA 分子以其 3′-末端-CCA-OH 与特定的氨基酸结合,以其反密码与 mRNA 上的密码结合。在蛋白质合成时,携带着不同氨基酸的 tRNA 准确地在 mRNA 分子上"对号入座",使氨基酸按 mRNA 的密码编排顺序合成肽链(图 8-4-1)。

(三) rRNA

rRNA 与蛋白质组成核糖体,是蛋白质生物合成的场所。核糖体主要有两类,一类附着于粗面内质网上,主要参与分泌到细胞外的蛋白质及多肽类激素的合成;另一类游离在胞液中,参与细胞内固有蛋白质的合成。

核糖体由大小两个亚基组成。小亚基有与 mRNA 结合的能力。大亚基上有两个 tRNA 结合位点,一个能与肽酰-tRNA 结合,称为给位(P 位);另一个能与氨基酰-tRNA 结合,称为受位

（A 位）。当与 mRNA 结合时,这两个相邻的位点正好与两个相邻的密码位置相对应(图 8-4-2)。转肽酶位于 A 位与 P 位之间,可催化肽键形成。

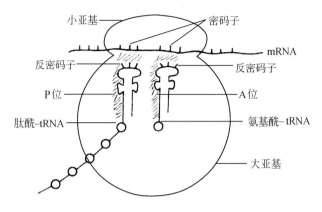

图 8-4-2　翻译过程中的核糖体

重点提示

　　mRNA 含有遗传信息,是合成蛋白质肽链的直接模板;tRNA 是转运氨基酸的工具;rRNA 与蛋白质组成核糖体,是蛋白质生物合成的场所。

二、蛋白质的生物合成过程

　　蛋白质生物合成包括两大步骤:①氨基酸的活化与转运;②活化氨基酸在核糖体上缩合成肽,即核糖体循环。前者是准备阶段,后者是蛋白质合成的中心环节。

(一) 氨基酸的活化与转运

　　氨基酸与 tRNA 结合为氨基酰-tRNA 的过程称为氨基酸的活化。反应由氨基酰-tRNA 合成酶催化,由 ATP 供能。

$$氨基酸+tRNA+ATP \xrightarrow{\text{氨基酰-tRNA 合成酶}} 氨基酰\text{-}tRNA+AMP+PPi$$

　　氨基酰-tRNA 可根据 mRNA 中密码子的顺序将活化的氨基酸转运至核糖体上参加肽链的合成。

(二) 核糖体循环

　　核糖体循环可分为肽链合成的起始、延长和终止 3 个阶段。现以原核细胞为例加以说明:

　　1. 肽链合成的起始　在 Mg^{2+}、起始因子(IF)及 GTP 参与下,核糖体大小亚基、mRNA 和具有启动作用的甲酰甲硫氨酰-tRNA 聚合,形成起始复合体(图 8-4-3)。

　　(1)在 IF-3 与 IF-1 促进下,小亚基与 mRNA 的起动部位结合。

　　(2)在 IF-2 促进与 IF-1 辅助下,甲酰甲硫氨酰-tRNA 借反密码与 mRNA 的起始密码结合,GTP 亦结合到复合体中。

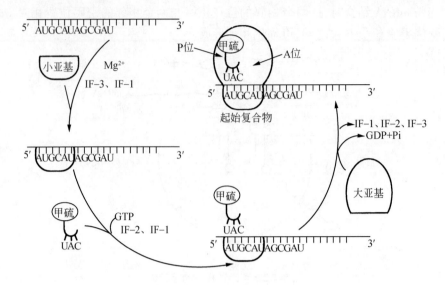

图 8-4-3　肽链合成的起始

（3）GTP 分解供能，大亚基与上述小亚基复合体结合，释放出起始因子，形成起始复合体。此时 mRNA 的起始密码和甲酰甲硫氨酰-tRNA 处于大亚基的 P 位，mRNA 的第二个密码处于 A 位。

2. 肽链的延长　起始复合体形成后，肽链从 N 端向 C 端延长。此阶段需肽链延长因子（EF）、GTP、Mg^{2+} 和 K^+ 参加，经过进位、成肽和转位 3 个步骤重复进行（图 8-4-4）。

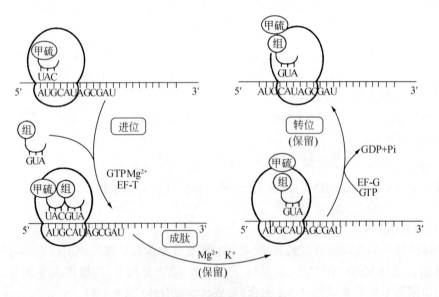

图 8-4-4　肽链合成的延长

（1）进位：氨基酰-tRNA 在 EF-T、GTP 及 Mg^{2+} 参与下，以其反密码识别起始复合体 A 位上 mRNA 的密码，并与之结合，于是进入 A 位。

（2）成肽：在转肽酶催化下，P 位的甲酰甲硫氨酰基（以后继续延长时为肽酰-tRNA 的肽酰基）转移，以其羧基与 A 位的氨基酰-tRNA 中的 α-氨基形成肽键。反应需 Mg^{2+} 与 K^+。此时 P 位上的 tRNA 就从核糖体脱落。

（3）转位：EF-G 催化 GTP 分解供能，使核糖体沿 mRNA5′→3′ 方向移动 1 个密码子的距离，于是 A 位上的肽酰-tRNA 移到 P 位，下一个密码进入 A 位。

通过进位、成肽、转位不断重复进行，肽链就按 mRNA 上密码顺序不断延长。从氨基酸活化算起，肽链每增加 1 个氨基酸残基要消耗 4 个高能磷酸键。

3. 肽链合成的终止　当肽链合成到一定长度，核糖体受位上出现终止密码（UAA、UAG、UGA）时，各种氨基酰-tRNA 都不能进位。终止因子使转肽酶变构而具备水解酶的活性，使 P 位上肽酰-tRNA 的酯键水解，释放出合成的肽链。mRNA、tRNA 及终止因子从核糖体上脱落，核糖体解离为大、小亚基，重新进入核糖体循环。

以上是单个核糖体的循环。实际上细胞内合成蛋白质时，有多个核糖体相隔一定距离结合在同一 mRNA 上，形成多核糖体，同时合成多条相同的多肽链，大大加快了蛋白质的合成速度。

以 mRNA 为模板合成的多肽链自行折叠卷曲，即成为具有一定空间结构的蛋白质分子。但很多多肽链合成后，尚需经过加工、修饰才能转变为具有生物活性的蛋白质。

三、蛋白质生物合成与医学的关系

蛋白质生物合成与遗传、免疫、肿瘤发生与生长及物质代谢都有密切关系。人体蛋白质生物合成异常会引起各种疾病。

(一)分子病

由于 DNA 分子上基因的遗传性缺陷，使蛋白质分子一级结构发生改变所致的疾病，称为分子病。例如镰刀形红细胞性贫血就是一种典型的分子病。病人 HbA 的 β-链 N 端第 6 位谷氨酸残基被缬氨酸残基代替，形成异常血红蛋白——HbS。它在氧分压较低时，易形成巨大分子沉淀析出，红细胞被扭曲成镰刀形，并且极易破裂，引起溶血性贫血。

β-链异常是由于 DNA 分子中控制该链合成的基因相应部位上一个脱氧胸苷酸被脱氧腺苷酸取代，于是转录生成的 mRNA 在相应部位上谷氨酸的密码变成了缬氨酸的密码（表 8-2）。

表 8-2　镰刀形红细胞性贫血病人 Hb 基因的异常

	正　常	异　常
相关的 DNA	…CTT…	…CAT…
相关的 mRNA	…GAA…	…GUA…
β-链 N 端第 6 位氨基酸残基	谷氨酸	缬氨酸
Hb 种类	HbA	HbS

(二)抗生素对蛋白质生物合成的影响

抗生素是源于微生物代谢产物的一类药物，可作用于 DNA 复制、转录及蛋白质合成的各个环节，通过干扰或抑制细菌或肿瘤细胞的蛋白质合成而发挥药理作用。

1. 抑制 DNA 合成的抗生素　如博来霉素、丝裂霉素、放线菌素 D 等可破坏或抑制原核或真核生物 DNA 的模板活性。

2. 抑制 RNA 合成的抗生素　如利福霉素、利福平能抑制原核生物的 RNA 聚合酶,从而抑制转录。

3. 抑制翻译过程的抗生素　如链霉素、卡那霉素能与原核生物核糖体小亚基结合,改变其构象,引起读码错误,导致合成异常的蛋白质;四环素与原核生物核糖体小亚基结合,抑制起始氨基酰-tRNA 进入 A 位;氯霉素、林可霉素、红霉素能与原核生物核糖体大亚基结合而抑制肽键形成,阻断翻译的延长过程。

选择性抑制原核生物蛋白质合成的抗生素在临床上可用作抗菌药,而对原核和真核生物蛋白质合成均有干扰作用的抗生素可用作抗肿瘤药。

(三)毒素和干扰素对蛋白质合成的影响

毒素是某些有机体产生的有毒物质,如白喉毒素和蓖麻毒素均可阻断真核生物蛋白质合成。干扰素是真核生物细胞感染病毒后分泌的一类有抗病毒作用的蛋白质,可阻滞病毒蛋白质合成,抑制病毒复制,如:干扰素常用于病毒性肝炎的治疗。另外干扰素还有调节细胞生长分化、激活免疫系统等作用,已普遍用于临床治疗。

重点提示

1. 由于 DNA 分子上基因的遗传性缺陷,使蛋白质分子一级结构发生改变所致的疾病称为分子病。镰刀形红细胞性贫血就是一种典型的分子病。

2. 抗生素通过干扰或抑制细菌或肿瘤细胞的蛋白质合成而发挥药理作用。

第五节　核酸与基因诊断和治疗

人类的绝大多数疾病都与基因变异密切相关,从基因水平探测、分析病因和发病机制,并采用针对性的手段纠正疾病紊乱状态,是医学发展的新方向,由此而建立的基因诊断和基因治疗已成为现代医学的重要内容。

一、基因诊断的概念与应用

(一)基因诊断的概念

基因是 DNA 分子中携带遗传信息的 DNA 功能片段。基因诊断是利用现代分子生物学和分子遗传学的技术方法,直接检测基因结构(DNA 水平)及其表达功能(RNA 水平)是否正常,从而对疾病做出诊断的方法。

(二)基因诊断的应用

基因诊断已广泛应用于疾病诊断、优生优育、法医鉴定等方面。

1. 疾病检测　目前采用基因诊断检测的疾病主要有三大类。

(1)感染性疾病的病原诊断:在感染性疾病方面不仅可检测病原体的 DNA(如乙肝病毒、结核杆菌等),而且可检测 RNA 病原体(艾滋病病毒、丙肝病毒等)。由于环境变化和滥用抗生素,导致许多病原体都具有抗药性,甚至出现了一些多重耐药的"超级致病菌",而基因诊断能够完成多种病原体的鉴定和多种药物的抗药性分析,并及时筛选出最佳药物用于临床。

（2）各种肿瘤生物学特性的判断:肿瘤的发生和发展是一个多因素、多步骤的过程,基因异常是肿瘤病变的主要因素之一,通过基因诊断,可以了解恶性肿瘤的分子机制,有助于对恶性肿瘤进行诊断、分类分型和预后检测。

（3）遗传性疾病的基因诊断:应用基因诊断,可揭示镰刀形红细胞贫血、珠蛋白生成障碍性贫血病、血友病、进行性假肥大性肌营养不良、苯丙酮酸尿症等多种遗传病发生的分子缺陷和突变本质。通过产前诊断,可预防和杜绝遗传性疾病的发生。

通过基因诊断技术,可以解决遗传性疾病难以诊断的状况;判断和评估某疾病在个体上发生的风险,并设法预防这种疾病的发生;更精确判断某些感染性疾病或肿瘤等疾病的存在,以便尽早确定病因。

2. 优生优育　通过检测羊水、绒毛胎儿血或母亲血中的胎儿细胞或受精卵分裂球等,进行产前诊断,减少出生缺陷,优生优育,提高出生人口质量。

3. 法医鉴定　基因诊断可用于法医学领域,如判定血型和性别、个体识别和亲子鉴定等。每个人都有特异性的 DNA 序列标记(DNA 指纹图谱),通过检测可以确定身份。

二、基因治疗的概念与应用

(一) 基因治疗的概念

基因治疗是通过矫正有缺陷的基因以达到治病目的的治疗方法。从广义上来讲,将某种遗传物质转移到患者细胞内,使其在体内发挥作用,实现治疗疾病的方法均称为基因治疗。

(二) 基因治疗的应用

基因治疗作为一门新兴学科,其研究进展非常迅速,目前,在肿瘤、遗传性疾病、心血管疾病、感染性疾病和神经性疾病等多种疾病中基因治疗都取得了突破性进展。已被批准的基因治疗方案有百种以上,如血友病Ⅸ因子、血管内皮生长因子、抑癌基因 p53 等基因治疗方案已进入临床试验或市场。但现阶段基因治疗尚存在许多理论、技术和伦理问题有待探讨,对其潜在的风险也需要有充分的认识,可以预期,基因治疗的成功将为人类的健康做出重要贡献。

重点提示

1. 基因诊断已广泛应用于疾病诊断、优生优育、法医鉴定等方面。
2. 基因治疗在肿瘤、遗传性疾病、心血管疾病、感染性疾病、神经性疾病等多种疾病治疗中取得了突破性进展。

讨论与思考

1. 体内哪些组织器官只能进行嘌呤核苷酸的补救合成途径? 何谓自毁容貌症?
2. 简述抗癌药物甲氨蝶呤、6-巯基嘌呤、羟基脲的作用原理。
3. 用图示说明遗传信息传递的中心法则。

4. 三种 RNA 在蛋白质的生物合成过程中分别有什么作用?

5. 何谓分子病?

6. 病例分析:张某,男,35 岁,患有痛风,现已经通过治疗病情保持稳定。昨日同学十年相聚,饮了将近 10 瓶啤酒,第二天,痛风发作,异常痛苦。请你分析:

(1)张某痛风症发作的原因是什么?

(2)痛风病人平时应注意哪些问题?

（潘　建）

第 *9* 章

肝的生物化学

学习要点

1. 肝在物质代谢中的作用
2. 肝生物转化的概念及生理意义
3. 生物转化反应的主要类型
4. 胆汁酸在脂类物质消化吸收中的作用
5. 三种不同类型黄疸的区别要点

　　肝是机体内重要的器官,由消化道吸收及体内储存的营养物质,都必须经肝加工后参与机体生理活动。肝不仅在糖类、脂类、蛋白质、氨基酸、维生素、激素等代谢中起着重要作用,同时还有分泌、排泄、生物转化等重要功能。

　　肝的功能与它的血液供应及组织结构特点密切相关:①肝接受肝动脉和门静脉双重血液供给,既含有自消化道吸收而来的大量营养物质,也携带着大量的氧气及代谢产物,这就为肝内多种代谢途径的进行提供了物质基础;②肝含有丰富的血窦,肝细胞膜通透性高,有利于肝细胞与血液进行物质交换;③肝有肝静脉和胆道系统两条输出通路,是进行排泄功能的结构基础;④肝细胞内含有极其丰富的酶体系,有利于各类物质代谢及生物转化;⑤肝含有丰富的细胞器,如线粒体、内质网、高尔基复合体、溶酶体和过氧化物酶体等,为物质代谢提供了场所。

第一节　肝在物质代谢中的作用

一、肝在糖代谢中的作用

　　肝在糖代谢中的重要作用是维持血糖浓度的相对恒定。这一作用在神经体液因素的调控下,通过糖原合成与分解及糖异生作用而实现。

　　当血糖浓度增高时(如饭后),糖原合成作用增强,血中葡萄糖在肝内合成糖原而储存,使血糖降至正常水平。反之,当血糖浓度降低时(如饥饿),肝糖原分解作用增强,肝糖原迅速分解为 6-磷酸葡萄糖,并在葡萄糖-6-磷酸酶催化下,水解为葡萄糖,释放入血以补充血糖,防止血糖浓度降低。在饥饿 10 余小时后,绝大部分肝糖原被消耗,此时糖异生作用增强,肝细胞加速利用乳酸、甘油及生糖氨基酸等非糖物质异生为糖,以保证在糖来源不足的情况下,仍能维持血糖浓度的相对恒定。

当肝细胞严重受损时,肝糖原合成与分解、糖异生作用降低,血糖难以维持正常水平,因此,在进食后易出现一时性高血糖,饥饿时又易出现低血糖。

二、肝在脂类代谢中的作用

肝在脂类的消化、吸收、分解、合成及运输等代谢过程中均具有重要作用。

肝细胞能分泌胆汁,胆汁中的胆汁酸可促进脂类物质的消化、吸收。肝损伤或胆道阻塞时,胆汁的排泄减少,影响脂类的消化吸收,病人常产生厌油腻、脂肪泻、脂类食物消化不良等临床症状。

肝是脂肪酸氧化分解的主要场所,也是体内生成酮体的唯一器官。生成酮体是肝氧化脂肪酸的重要特点,酮体则是肝向肝外组织输出脂类能源的一种形式,是肝外组织尤其是脑和肌组织的能源物质。

肝是合成脂肪、胆固醇和磷脂的主要场所,脂蛋白也多在肝合成。磷脂是脂蛋白的重要组成成分。当肝功能受损时,磷脂合成减少,肝内脂肪运出困难,可使肝内脂肪堆积,导致脂肪肝。

三、肝在蛋白质代谢中的作用

肝在蛋白质的合成和分解中,均起重要作用。

肝不仅合成其本身所需的蛋白质,还合成血浆清蛋白、纤维蛋白原、凝血酶原及部分 α-球蛋白和 β-球蛋白等。正常人血浆蛋白总量为 $60\sim80g/L$,清蛋白(A)为 $40\sim55g/L$,球蛋白(G)为 $20\sim30g/L$,清蛋白与球蛋白的比例(A/G)为 $(1.5\sim2.5):1$。当肝病变时,主要是清蛋白合成减少。急性肝炎时,因病程较短,清蛋白降低不明显。慢性肝炎或肝硬化时,清蛋白减少,又因免疫刺激作用,浆细胞合成 γ-球蛋白增加,导致 A/G 比值变小,严重时出现 A/G 比值倒置(即 A/G 比值小于 1),此项指标可作为肝疾病的辅助诊断指标。

肝是氨基酸合成和分解的重要器官。肝细胞内含有丰富的氨基酸代谢酶类,所以氨基酸的转氨基、脱氨基及脱羧基等代谢反应都能在肝内进行。肝内转氨酶活性较高,特别是丙氨酸氨基转移酶(ALT)活性明显高于其他组织。正常情况下,细胞内的酶很少进入血液,当肝受损(如急性肝炎)时,肝细胞膜的通透性增大,ALT 大量进入血液,导致血清 ALT 活性增高。临床上检验血清 ALT 活性可作为肝疾病的重要辅助诊断。

肝是体内合成尿素的主要器官,各种来源的氨都可在肝细胞内通过鸟氨酸循环过程合成尿素,随尿排出体外。肝功能严重受损时,尿素合成障碍,血氨浓度升高,产生高氨血症,可诱发肝性脑病。

四、肝在维生素代谢中的作用

肝在维生素的吸收、储存、转化等代谢中均起重要作用。肝细胞合成分泌的胆汁酸可协助脂溶性维生素的吸收;肝是维生素 A、维生素 K、维生素 B_1、维生素 B_2、维生素 B_6、泛酸和叶酸含量最多的器官,也是多种维生素储存的场所,其中维生素 A 在肝中储存量占体内总量的95%;肝还参与了维生素的代谢转化,如将胡萝卜素转变成维生素 A,使维生素 D_3 羟化为 25-OH-D_3 等;维生素 K 参与了肝细胞中凝血酶原及凝血因子Ⅶ、Ⅸ、Ⅹ 的合成;维生素 A、维生素K 缺乏时,可出现夜盲症或凝血机制障碍。严重肝疾病时,可引起维生素所参与的有关代谢发生紊乱。

五、肝在激素代谢中的作用

肝是激素灭活的主要场所。激素在发挥其调节作用后,主要在肝内被分解转化、降低或失去其生物活性,称为激素的灭活,灭活后的产物大部分随尿排出。在正常情况下,激素的生成与灭活处于相对平衡,在体内保持一定浓度,发挥正常生理功能。但当肝功能受损时,激素的灭活作用降低,血中相应的激素水平升高,可出现某些临床体征,如体内的雌激素、醛固酮、抗利尿激素等水平升高,可出现男性乳房女性化、蜘蛛痣、肝掌以及水、钠潴留引起的水肿等现象。

重点提示

1. 肝在糖代谢中的重要作用是维持血糖浓度的相对恒定。这一作用在神经体液因素的调控下,通过糖原合成和分解及糖异生作用而实现。

2. 肝在脂类的消化、吸收、分解、合成及运输等代谢过程中均具有重要作用。

3. 肝在蛋白质的合成和分解中均起重要作用。

4. 肝在维生素的吸收、储存、转化等代谢中均起重要作用。

5. 肝是激素灭活的主要器官。

第二节　肝的生物转化作用

体内各种非营养物质,如物质代谢中产生的各种生物活性物质、代谢终产物、肠道吸收的腐败产物以及由外界进入体内的各种异物和毒性物质等都能通过肝进行代谢转变。肝是体内生物转化的主要器官,肠、肾、肺和皮肤等也具有一定的生物转化能力。

一、生物转化的概念及生理意义

(一) 生物转化的概念

生物转化作用是指非营养物质经过氧化、还原、水解和结合反应,使脂溶性较强的物质获得极性基团,增加其水溶性,从而易于随胆汁或尿液排出体外的过程。

体内非营养物质按其来源可分为内源性和外源性两大类。①内源性非营养物质:是指体内代谢产生,如激素、神经递质、胆红素、氨和胺类等,以及肠道吸收的腐败产物(胺、苯酚、硫化氢、吲哚等);②外源性非营养物质:指由外界进入体内,如药物、毒物、有机农药、环境污染物、色素及食品添加剂等物质。

（二）生物转化的生理意义

生物转化的生理意义在于它对体内的非营养物质进行转化，使这些物质的极性增加，溶解性增强，易于从胆汁或尿液中排出体外，通过生物转化作用可使大多数非营养物质的生物活性或毒性降低或消失。但也有些物质经肝的生物转化后，其毒性反而增加或反而产生致病作用，例如煤焦油中的致癌物质多环芳烃及强烈致肝癌诱发物黄曲霉素，都是在进入体内经生物转化作用后才产生致癌毒性的。

重点提示

肝是生物转化的重要器官，通过生物转化作用对非营养物质进行代谢转变，使其极性增加，水溶性增强、易于排泄，对机体起保护作用。

二、生物转化反应的主要类型及影响因素

（一）生物转化反应的主要类型

生物转化反应可概括为两相反应，第一相反应包括氧化、还原、水解反应；第二相反应称为结合反应。少数物质只经过第一相反应即可排出体外，但多数物质如药物或毒物等经过第一相反应后，其极性改变不大，尚需进行第二相反应，即与某些极性更强的物质（如葡萄糖醛酸、活性硫酸及乙酰基等）结合，增加其溶解度后排出体外。

1. 第一相反应

（1）氧化反应：是最常见的生物转化反应，由多种氧化酶系催化，包括加单氧酶系、脱氢酶系、胺氧化酶系等。

①加单氧酶系：存在于肝细胞微粒体中，该酶系反应特点是能激活分子氧，使其中一个氧原子加在底物分子上被氧化，另一个氧原子被 NADPH 还原生成水，例如：

$$RH+O_2+NADPH+H^+ \longrightarrow ROH+NADP^++H_2O$$
底物　　　　　　　　　　　产物

②脱氢酶系：醇脱氢酶和醛脱氢酶分别存在于肝细胞微粒体和胞质中，以 NAD^+ 为辅酶，分别催化醇类氧化成醛，醛类氧化成酸。醇需在肝进行代谢解毒，故肝功能损伤者不可大量饮酒。反应如下。

$$CH_3CH_2OH \longrightarrow CH_3CHO \longrightarrow CH_3COOH$$
乙醇　　　　　乙醛　　　　　乙酸

③单胺氧化酶系：此酶存在于线粒体中，可催化肠道内的腐败产物胺类氧化脱氨，生成相应的醛类，例如：

$$RCH_2NH_2+H_2O+O_2 \longrightarrow RCHO+H_2O_2+NH_3$$
胺类　　　　　　　　　　醛类

（2）还原反应：还原酶存在于肝细胞微粒体中，主要是硝基还原酶或偶氮还原酶类。反应

时由 NADPH 提供氢,还原产物为胺类。许多化妆品和染料中含偶氮化合物,有的在代谢后会产生前致癌物,在偶氮还原酶作用下分解为胺而失去致癌作用,例如:

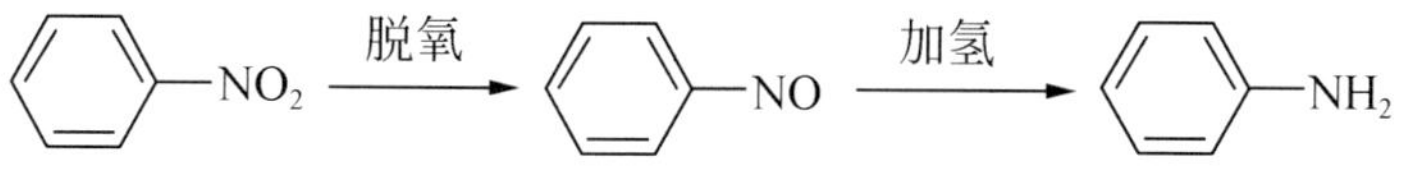

硝基苯　　　　　　　　亚硝基苯　　　　　　　　苯胺

(3)水解反应:肝细胞微粒体及细胞质中含有多种水解酶,有酯酶、酰胺酶、糖苷酶等,可催化脂类、酰胺类及糖苷类化合物水解。例如:药物乙酰水杨酸(阿司匹林)进入体内很快被酯酶水解,生成水杨酸和乙酸。

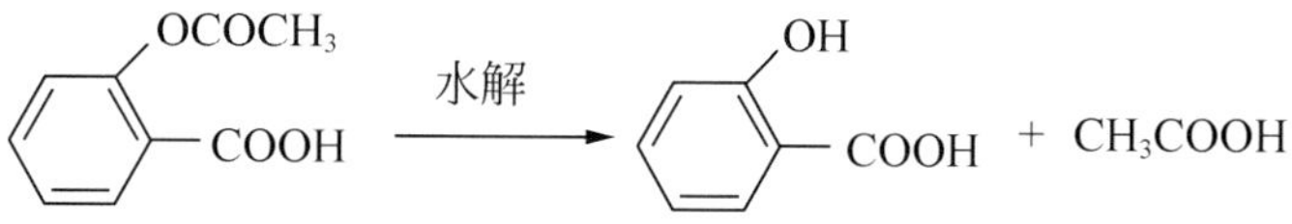

乙酰水杨酸　　　　　　　　水杨酸　　　　乙酸

2. 第二相反应　结合反应是体内最主要的生物转化方式。凡含有羟基、羧基或氨基的药物、毒物和激素等非营养物质可与结合基团的供体发生结合反应,从而改变其生物活性并增加水溶性或极性,便于随排泄器官排出。结合物质主要有葡萄糖醛酸、活性硫酸、乙酰基和甲基等。

(1)葡萄糖醛酸结合:是体内最多见的结合方式。葡萄糖醛酸的供体是二磷酸尿苷葡萄糖醛酸(UDPGA),如吗啡、可卡因、胆红素、类固醇激素等均可与葡萄糖醛酸结合,例如:

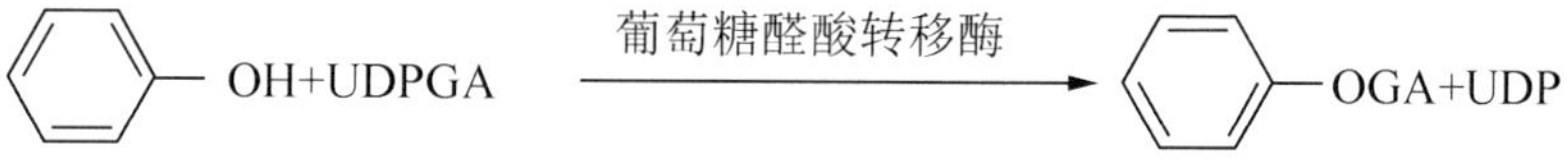

苯酚　　　　　　　　　　　　　　　　　苯 - β - 葡萄糖苷酸

(2)乙酰基结合反应:各种芳香胺的氨基与活化的乙酰基供体——乙酰 CoA,在乙酰基转移酶催化下,生成乙酰化合物可随尿排出。大部分磺胺类药物在肝内经乙酰化作用而失去活性,但乙酰磺胺的溶解度反而降低,在酸性尿中容易析出。故在服用磺胺药时加服碱性药物(如小苏打),以防磺胺药在尿中形成结晶,并易于随尿排出。例如:

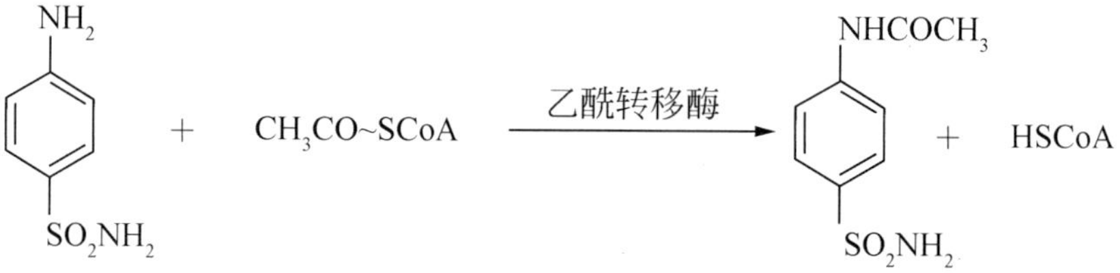

对氨基苯磺酰胺　　　　　　　　　　　　对乙酰氨基苯磺酰胺

(二)影响生物转化的因素

生物转化作用常受年龄、性别、肝功能、个体差异及诱导物等体内外因素的影响,如新生儿生物转化酶系发育不完善,早产儿尤甚,对药物或毒物的耐受性较差,易发生中毒,因此用药时剂量要按体重计算严格控制;老年人随着年龄增长,器官功能退化,对药物的转化能力降低,用药后不良反应较强,易出现中毒现象,用药要慎重;肝实质病变肝功能损伤患者,肝血流量减少,生物转化功能及所需的酶活性降低,使药物或毒物的转化速度下降,故肝病患者最好忌烟、酒,用药应当慎重。

重点提示

1. 生物转化的反应类型主要包括氧化、还原、水解和结合反应。
2. 生物转化作用常受年龄、性别、肝功能、个体差异及诱导物等体内外因素的影响。

第三节 胆汁酸代谢

胆汁是由肝细胞分泌的一种金黄色苦味液体,储存于胆囊,正常成人每天分泌 300 ~ 700ml。胆汁的主要成分是胆汁酸盐、胆色素、胆固醇等,胆汁酸是脂类物质消化吸收所必需的一类物质。

一、胆汁酸的分类

胆汁酸根据结构不同可分为游离胆汁酸和结合胆汁酸。游离胆汁酸包括胆酸、鹅脱氧胆酸、脱氧胆酸和石胆酸;结合胆汁酸是上述游离胆汁酸与甘氨酸或牛磺酸结合生成的,包括甘氨胆酸、甘氨鹅脱氧胆酸、牛磺胆酸和牛磺鹅脱氧胆酸等。

胆汁酸根据来源不同可分为初级胆汁酸和次级胆汁酸。在肝细胞内直接合成的胆汁酸称为初级胆汁酸,包括胆酸、鹅脱氧胆酸及其与甘氨酸或牛磺酸结合形成的胆汁酸。在肠道中生成的脱氧胆酸、石胆酸及其经肠道重吸收入肝后分别与甘氨酸或牛磺酸结合形成的胆汁酸,称为次级胆汁酸。

二、胆汁酸的代谢

(一)初级胆汁酸的生成

由胆固醇在肝细胞中首先在 7α-羟化酶催化下生成 7α-羟胆固醇,然后经过复杂反应,生成初级游离胆汁酸,主要有胆酸和鹅脱氧胆酸。它们可分别与甘氨酸或牛磺酸结合生成初级结合胆汁酸,即甘氨胆酸、甘氨鹅脱氧胆酸、牛磺胆酸及牛磺鹅脱氧胆酸。初级结合胆汁酸以钠盐形式随胆汁排入肠道。

(二)次级胆汁酸的生成

进入肠道的初级结合胆汁酸在促进脂类消化吸收的同时,在肠道细菌作用下被水解为初级游离胆汁酸,再经 7α-脱羟反应可转变为次级游离胆汁酸,即鹅脱氧胆酸转变为石胆酸,胆酸转变为脱氧胆酸。

(三) 胆汁酸的肠肝循环

排入肠道的胆汁酸约 95% 被重吸收,其余随粪便排出,每日有 0.4~0.6g 胆汁酸排出。由肠道重吸收的胆汁酸经肝门静脉重新回到肝,肝细胞将游离胆汁酸重新合成为结合胆汁酸,并同新合成的结合胆汁酸一同再随胆汁排入肠腔,此过程称为胆汁酸的肠肝循环,这一过程具有重要的生理意义,即使有限的胆汁酸最大限度发挥乳化作用,以保证脂类的消化吸收(图 9-3-1)。

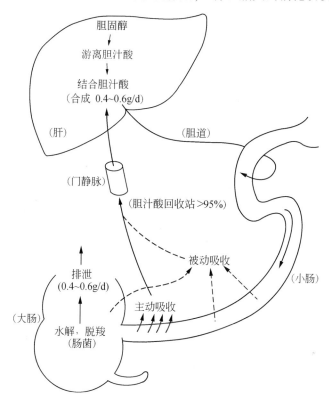

图 9-3-1　胆汁酸的肠肝循环

三、胆汁酸的功能

(一) 促进脂类物质的消化吸收

胆汁酸是较强的乳化剂,其分子内含有亲水基团和疏水基团,能降低油与水两相间的表面张力,促进脂类物质的消化吸收。

(二) 促进胆汁中胆固醇的溶解,防止胆石生成

胆固醇难溶于水,胆汁酸与卵磷脂协同可促使胆固醇形成可溶性微团,维持胆固醇在胆汁中的溶解状态,防止胆石的生成。若肝合成胆汁酸的能力下降,可使胆汁中的胆固醇沉淀析出形成结石。

重点提示

胆汁酸分为初级和次级、游离和结合胆汁酸,并通过肠肝循环以最大限度发挥其生理作用,促进脂类物质的消化吸收和胆固醇的排泄。

第四节 胆色素代谢

胆色素是铁卟啉类化合物在体内分解代谢的产物,包括胆红素、胆绿素、胆素原和胆素。正常时主要随胆汁排泄,胆红素是胆汁中的主要颜色,呈橙黄色具有毒性,过多可引起大脑的不可逆损害。胆红素代谢异常可导致高胆红素血症——黄疸。肝是胆红素代谢的主要器官。

一、胆红素的生成与转运

(一)胆红素的生成

正常成人每天可生成 250~350mg 胆红素,其中约80%的胆红素来源于衰老红细胞中血红蛋白的分解。正常红细胞的平均寿命为 120d,衰老的红细胞在肝、脾、骨髓的单核-吞噬细胞系统作用下破坏释出血红蛋白,随后血红蛋白分解为珠蛋白和血红素。血红素在加氧酶催化下,释出 CO、Fe^{3+},生成胆绿素,经胆绿素还原酶催化生成胆红素,即游离型胆红素。游离型胆红素具有疏水亲脂性质,难溶于水而极易透过生物膜,当透过血-脑脊液屏障进入脑组织,与神经核团结合可产生核黄疸,影响脑细胞的正常代谢及功能。

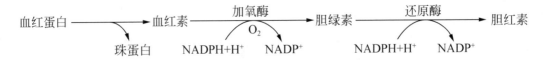

(二)胆红素的转运

游离型胆红素进入血液后主要与清蛋白结合,以胆红素-清蛋白复合物的形式运输,因尚未进入肝进行生物转化反应,故又称未结合胆红素。未结合胆红素因难溶于水而不能经肾小球滤过,故尿中检测不出未结合胆红素。某些药物和有机阴离子如磺胺类药物、镇痛药、抗炎药、脂肪酸、胆汁酸及乙酰水杨酸等可与胆红素竞争同清蛋白结合而促使胆红素重新游离,进入组织引起中毒。因此,临床上对有黄疸倾向的患者或新生儿用药应慎重,避免因使用上述药物引发胆红素脑病。

二、胆红素在肝中的代谢

胆红素在肝内的代谢包括肝细胞对胆红素的摄取、结合和排泄。

(一)肝细胞对胆红素的摄取

当胆红素-清蛋白复合物随血液运输到肝时,先与清蛋白分离,然后迅速被肝细胞摄取并与相应的载体蛋白结合,被转移至内质网而完成摄取过程。

(二)肝细胞对胆红素的结合转化和排泄

胆红素在内质网的胆红素-尿苷二磷酸-葡萄糖醛酸转移酶催化下,生成葡萄糖醛酸胆红素,称结合胆红素。结合胆红素水溶性极强,因不易透过细胞膜,其毒性大为降低。可随胆汁排泄,能经肾小球滤过随尿排出。正常人血中结合胆红素含量甚微,故尿中无结合胆红素。肝内外的胆管阻塞或重症肝炎均可导致排泄障碍,使结合胆红素逆流入血,尿中可出现胆红素。结合胆红素与未结合胆红素的区别见表 9-1。

表 9-1　结合胆红素与未结合胆红素的区别

比较项目	未结合胆红素(间接胆红素)	结合胆红素(直接胆红素)
主要存在部位	血液	肝及胆管
溶解性	脂溶性	水溶性
与重氮试剂反应	间接反应阳性	直接反应阳性
经肾随尿排出	不能	能
细胞膜通透性	大	小
毒性	有	无

注:结合胆红素能与重氮试剂直接反应,又称直接胆红素;未结合胆红素不能与重氮试剂直接反应,必须加入乙醇或尿素等才能反应,故又称间接胆红素。

三、胆红素在肠道中的转化及胆素原的肠肝循环

经肝转化生成的结合胆红素随胆汁排入肠道后,在肠道细菌的作用下脱去葡萄糖醛酸基,并逐步还原生成无色的胆素原,80%~90%随粪便排出,在肠道下段与空气接触,被氧化为黄褐色的胆素(称粪胆素),是粪便颜色的主要来源。当胆道完全阻塞时,结合胆红素入肠受阻,不能生成(粪)胆素原和(粪)胆素,粪便颜色变浅甚至呈灰白色。

10%~20%的胆素原可被肠黏膜细胞重吸收,经肝门静脉入肝。其中大部分再随胆汁排入肠道,形成胆素原的肠肝循环,小部分进入体循环经肾随尿排出,尿胆素原接触空气后被氧化成黄色的尿胆素,成为尿液颜色的主要来源(图 9-4-1)。

四、血清胆红素及黄疸

正常人血清胆红素含量甚微,仅为 $1.7~17\mu mol/L(0.1~1.0mg/dl)$,其中 80%是未结合胆红素,因不能通过肾小球滤过膜,故正常人尿中无胆红素。当血清胆红素含量过高会引起皮肤、巩膜、黏膜等组织和内脏器官及某些体液的黄染,这一体征称黄疸。黄疸的程度取决于血清胆红素的浓度,如血清胆红素浓度在 $17~34\mu mol/L$,肉眼不易观察到巩膜和皮肤的黄染,称隐性黄疸;当血清胆红素浓度超过 $34\mu mol/L$ 时,组织黄染明显,肉眼可辨,称为显性黄疸。

根据黄疸产生原因不同,黄疸可分为三种类型。

(一)溶血性黄疸

溶血性黄疸也称肝前性黄疸,是由于红细胞大量破坏,胆红素生成过多,超过了肝的转化能力而引起的黄疸。其特点是:血清总胆红素升高,以未结合胆红素升高为主,尿中无胆红素。因肝最大限度地处理和排泄胆红素,故肠道中生成的胆素原和胆素增多,粪便和尿液颜色加深。

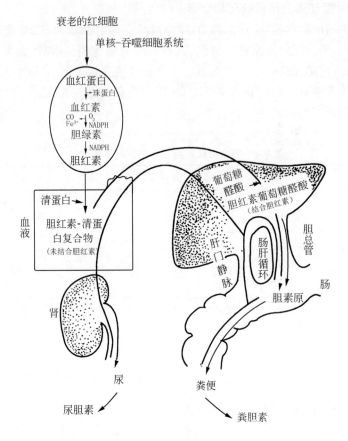

图 9-4-1　胆色素代谢概况

(二) 阻塞性黄疸

阻塞性黄疸也称肝后性黄疸,是由于胆道炎症、肿瘤、结石等各种原因引起的胆道阻塞,胆汁排泄通道受阻,引起胆道高压使肝内生成的结合胆红素反流入血而引起的黄疸。其特点是:血清总胆红素升高,以结合胆红素升高为主。因结合胆红素可通过肾小球滤过,尿中胆红素呈阳性。由于胆红素排泄受阻,肠道形成胆素原和胆素减少,粪便颜色变浅甚至呈陶土色,尿液颜色也变浅。

(三) 肝细胞性黄疸

肝细胞性黄疸也称肝源性黄疸,见于肝炎、肝硬化与肝肿瘤等肝实质性病变,因肝细胞受损,肝功能障碍,使其摄取、结合、转化与排泄胆红素的能力降低。一方面肝将未结合胆红素转化为结合胆红素的能力降低,致使血中未结合胆红素升高;另一方面肝细胞肿胀,毛细胆管堵塞或破裂,结合胆红素反流入血而引起黄疸。其特点是:血中结合胆红素与未结合胆红素均升高,尿中胆红素阳性。由于肝细胞受损程度不一,尿中胆素原含量变化不定。若从肠道吸收的胆素原排泄受阻,则尿中胆素原增加,尿液颜色变深;若肝有实质性损害,结合胆红素生成减少则尿中胆素原可能减少,尿液颜色变浅,粪便颜色变浅或正常。三种类型黄疸血、尿、粪的变化见表 9-2。

表 9-2　三种类型黄疸血、尿、粪的变化

比较项目	正常参考值	溶血性黄疸	阻塞性黄疸	肝细胞性黄疸
血清总胆红素	<17μmol/L	↑	↑	↑
未结合胆红素	<14μmol/L	↑↑	变化不明显	↑
结合胆红素	0~3μmol/L	变化不明显	↑↑	↑
尿胆红素	-	-	++	+
尿胆素原	少量	↑↑	减少或无	不定
尿胆素	少量	↑↑	减少或无	不定
尿液颜色	淡黄色	加深	变浅	不定
粪便颜色	黄褐色	加深	变浅甚至陶土色	变浅或正常

注:↑.增加;+.阳性;-.阴性。

重点提示

　　胆色素包括胆绿素、胆红素、胆素原和胆素等,是体内红细胞血红蛋白的分解产物。各种原因造成的血浆胆红素浓度升高均可引起黄疸,根据黄疸产生的原因不同,可将黄疸分为:溶血性黄疸、阻塞性黄疸、肝细胞性黄疸。

第五节　常用肝功能试验及临床意义

　　肝具有多种重要的代谢功能,临床上常用测定血、尿等标本中与肝代谢功能有关的物质的质和量的变化,来观察肝代谢功能。常用的肝功能试验大都是以肝的某种代谢功能为依据而设计的,只能反映肝功能的某一侧面,了解肝功能状态对于疾病的诊断、病程观察与预后有重要意义。又因肝的再生及代偿能力很强,在实际工作中应正确评估肝功能状态,常用的肝功能检测项目可归纳如下。

一、血浆蛋白检测

　　测定血浆总蛋白(STP)、清蛋白(A)和球蛋白(G)的含量及清蛋白与球蛋白比值(A/G),以了解肝功能。正常参考值:血浆清蛋白(A)为 40~55g/L,球蛋白(G)为 20~30g/L,A/G 为(1.5~2.5):1。慢性肝炎或肝硬化时 A/G 变小,甚至倒置。

　　甲胎蛋白(AFP)是胎儿肝血清中的一种蛋白成分,正常人血清中含量极少,一般<30μg/L,肝炎、肝硬化时 AFP 有不同程度的升高,通常<300μg/L,约 80% 原发性肝癌患者血清 AFP 显著升高,可>300μg/L。血清 AFP 可作为诊断原发性肝癌和协助判断病情和预后的一项重要指标。

　　肝利用氨合成尿素,是保证血氨正常的关键,严重肝疾病时,肝合成尿素能力下降,血氨增高,可引起肝性脑病,血氨测定可用于肝性脑病的监测。

二、血清酶类检测

　　测定血清 ALT 和 AST 可反映肝细胞膜的改变,协助急性肝病的诊断,急性肝炎时,ALT 与

AST 可显著升高。

碱性磷酸酶(ALP)常作为肝病的检查指标之一。ALP 主要分布在肝、骨骼、肠黏膜及胎盘,胆道和肝疾病时,由于 ALP 生成增加而排泄减少,可引起血清中 ALP 升高。

γ-谷氨酰转移酶(GGT)参与谷胱甘肽代谢,主要分布在肝、肾等器官。肝炎、肝硬化或肝占位性病变时 GGT 升高。

三、胆色素检测

测定血清总胆红素(STB)、结合胆红素(CB)及非结合胆红素(UCB)可帮助判断有无黄疸和黄疸类型。测定尿中胆红素、胆素原和胆素水平,可反映肝处理胆红素的能力和鉴别黄疸类型。临床上将尿中胆红素、胆素原和尿胆素称为"尿三胆"。

重点提示

常用的肝功能检测项目有:血浆蛋白检测、血清酶类检测、胆色素检测。

讨论与思考

1. 说明严重肝病患者可能有以下表现的生化机制。

(1)水肿。(2)黄疸。(3)肝性脑病。(4)出血倾向。

2. 简述临床用谷氨酸及精氨酸治疗肝性脑病的生化理论依据。

3. 病例分析:

王某,男,35 岁,因食欲减退、恶心,发热 5d 来院就诊。查体:体温 38.5℃,脉搏 98 次/分,呼吸 24 次/分,血压 18/12kPa。巩膜及皮肤黄染,颈软,心、肺正常,腹软,右上腹压痛,肝在肋缘下 2cm,轻度触痛,脾未触及。双下肢活动正常。

实验室检查:

血清丙氨酸氨基转移酶(ALT)76U/L,血清天冬氨酸氨基转移酶(AST)85U/L。血清总蛋白 75g/L,清蛋白(A)40g/L,球蛋白(G)35g/L。血清总胆红素 60μmol/L,直接胆红素 12μmol/L。尿液检查,色黄,胆红素阳性,尿胆原阳性。

分析:(1)患者血清酶变化的机制。

(2)患者胆红素代谢变化的机制。

(李　晖)

第 10 章

水、无机盐代谢及酸碱平衡

学习要点

1. 水的含量、分布、来源与去路
2. 电解质的生理功能与钾、钠、氯代谢
3. 血钙、血磷与代谢调节
4. 体内酸碱物质的来源及酸碱平衡的调节
5. 常见酸碱平衡失调的类型，判断酸碱平衡主要生化指标及临床意义

第一节 水 代 谢

一、体 液

（一）体液的分布与含量

体内的水及溶解在水中的无机盐和有机物构成人体的体液。存在细胞内的部分，称为细胞内液。存在细胞外的部分，称为细胞外液。正常成人的体液总量约占体重的 60%，细胞内液约占体重的 40%，细胞外液约占体重的 20%，其中组织间液占体重的 15%，血浆占体重的 5%（图 10-1-1）。

- 体液（成人占体重的60%）
  - 细胞内液(40%)
  - 细胞外液(20%)
    - 血浆(5%)
    - 组织间液(15%)

图 10-1-1 体液的存在形式

人体体液的分布和含量主要受年龄、性别和体内脂肪含量的影响。新生儿体液总量占体重的 80%，婴儿占体重的 70%～75%，儿童约占体重的 65%，成人约占体重 60%，老年人的体液总量可降至体重的 55%（表 10-1）。体液总量随人体脂肪增加使之所占体重的百分比减少，因此肥胖者体液总量比相同体重的消瘦者少。成年女性体内脂肪相对比成年男性多，所以相同体重的成年女性体液总量比成年男性少，对体液丢失的耐受力也相对较低。

表 10-1 不同年龄者的体液分布(占体重的%)

年　龄	体液总量	细胞外液		细胞内液
		血浆	细胞间液	
新生儿	80	5	40	35
婴儿	70	5	25	40
儿童(2~14 岁)	65	5	20	40
成人	60	5	15	40
老年人	55	7	18	30

在临床上,由于小儿新陈代谢旺盛,体表面积相对比成人大,每日需交换的体液占总体液量的比例也较高,同时小儿调节系统不够健全,易引起脱水。因此,对儿童脱水应给予及时纠正。

(二)体液电解质的分布与含量

体液中电解质主要有 Na^+、K^+、Ca^{2+}、Mg^{2+}、Cl^-、HCO_3^-、蛋白质阴离子和磷酸氢根 HPO_4^{2-} 等。细胞内液与细胞外液的电解质分布与含量有明显的差异,细胞外液的阳离子以 Na^+ 为主,阴离子以 Cl^- 及 HCO_3^- 为主;而细胞内液的阳离子则以 K^+、Mg^{2+} 为主,阴离子以蛋白质阴离子和磷酸氢根离子(HPO_4^{2-})为主。血浆蛋白质含量高于细胞间液,这对于血浆与细胞间液之间体液的交换具有重要意义。

体液各部分正负离子所带电荷相等,呈"电中性"。细胞内、外液的渗透压相等。正常人体液渗透浓度为 280~310mmol/L,在此范围为等渗,小于 280mmol/L 为低渗,大于 310mmol/L 为高渗。与体液渗透浓度相当的溶液称为等渗溶液,如临床上常用的 5% 葡萄糖溶液、0.9% NaCl 溶液等。

体液中主要电解质的含量与分布见表 10-2。

表 10-2 体液中电解质的分布与含量(mmol/L)

电解质		血浆		细胞间液		细胞内液	
		离子	电荷	离子	电荷	离子	电荷
阳离子	Na^+	145	145	139	139	10	10
	K^+	4.5	4.5	4	4	158	158
	Ca^{2+}	2.5	5	2	4	3	6
	Mg^{2+}	0.8	1.6	0.5	1	15.5	31
	合计	152.3	156	145.5	148	186.5	205
阴离子	Cl^-	103	103	112	112	1	1
	HCO_3^-	27	27	25	25	10	10
	HPO_4^{2-}	1	2	1	2	12	24
	SO_4^{2-}	0.5	1	0.5	1	9.5	19
	有机酸	5	5	6	6	16	16
	蛋白质	2.25	18	0.25	2	8.1	65
	有机磷酸	–	–	–	–	23.3	70
	合计	138.75	156	144.75	148	79.9	205

重点提示

正常成人的体液总量约占体重的 60%，人体体液的分布和含量主要受年龄、性别和体内脂肪含量的影响。

二、水的生理功能

1. 水是机体的组成成分　水是体液的主要组成成分，也是组织细胞的组成成分。水对于维持组织器官形态、硬度、弹性等都起着重要作用。

2. 溶剂与运输作用　水是良好的溶剂。机体所需的营养物质和代谢产物多数都能溶于水，这些物质依靠其水溶性，可通过血液循环运输到全身各组织。

3. 促进和参与体内的化学反应　体内的物质代谢主要在有水的环境中进行。水是物质进行化学反应的良好媒介，能促进电解质电离而加速化学反应的进行。水还能直接参与体内水解反应、水合反应、加水脱氢反应等过程。

4. 调节体温的作用　机体可经出汗和皮肤蒸发水分来散发体内产生的热量。当环境温度升高或体内产热过多时，通过皮肤蒸发和排汗来散发体内过多热量，使体温保持恒定。水的流动性大，可经体液交换和循环将热量分布于全身。

5. 润滑作用　水是良好的润滑剂。机体一些腔隙内的液体（如唾液、泪液、关节液、胸膜腔液、腹膜腔液、心包腔液）都含有一定量的水分，通过润滑作用来减少脏器之间的摩擦。

三、水的来源与去路

(一) 水的来源

正常成人每日摄取水的总量约 2500ml，主要来源有三个方面。

1. 饮水　包括茶、汤、饮料、流质等，每日进入体内的水量约 1200ml。

2. 食物水　每日随食物进入体内的水量约 1000ml，因食物种类和数量而异。

3. 代谢水　营养物质在体内氧化分解所产生的水，称为代谢水，又称内生水。主要由糖、脂肪及蛋白质氧化分解产生的。在体内，大约每 100kcal（420kJ）热量的产生伴有 10ml 水的生成。如果每日产生 3000kcal（12600kJ）热量，约生成 300ml 的水。

一般情况下，体内生成的代谢水量比较恒定，而饮水及食物水的摄入量受饮水习惯、环境温度、食物种类和数量、工作性质和活动强度等多种因素的影响，变动较大。

(二) 水的排出

正常成人每日排出水的总量约 2500ml，主要排出途径有四条。

1. 消化道　每日从各种消化腺体分泌进入胃肠道的消化液约 8200ml，但大部分在回肠及结肠上段被重吸收，每日从粪便中排出的水量仅 150ml 左右。

2. 肺呼出　正常成人每日由肺呼出的水约 350ml，呼出的水量与呼吸频率和深度有关。

3. 皮肤蒸发和排汗　成年人每日由皮肤通过非显性出汗蒸发纯水约 500ml。

4. 肾排出　肾是体内排水的主要器官。成人每日尿量为 1000~2000ml，肾通过排尿排出体内多余的水，同时排出代谢废物。正常成人每日体内代谢产生的固体废物为 35~40g，这些代谢废物必须保持在溶解状态下才能排出,而每克代谢废物的溶解至少需要 15ml 水,所以排泄这些废物就要求每天尿量约为 500ml,称为最低尿量。尿量过少,会使部分代谢废物不能排出体外而潴留在体内,影响机体正常功能。

总之,正常人每日水的摄入量与排出量基本相等,维持着动态平衡(表 10-3)。

表 10-3　正常成人每日水的摄入量与排出量(ml)

水的来源		水的排出	
饮水	1200	呼吸排出	350
食物水	1000	皮肤蒸发	500
代谢水	300	粪便排出	150
		肾排出	1500
合计	2500	合计	2500

当成人不能进水时,每日仍不断由皮肤、肺、肾和粪便丢失约 1500ml 水分,要维持这种水平衡,每天至少需进水 1500ml 以上,称为水的最低需要量。因此,临床上对于不能进食的患者应每日补充 1500~2000ml 水,以维持水的平衡。

重点提示

肾排尿是体内排水的主要途径,成人每日最低尿量约为 500ml,每日水的最低需要量为 1500ml。

四、脱水与水中毒

(一)脱水

人体体液丢失造成细胞外液的减少,称为脱水。根据水与电解质丢失情况的不同,可分为高渗性脱水、等渗性脱水和低渗性脱水三种类型(表 10-4)。

表 10-4　三种脱水类型的比较

	高渗性脱水	等渗性脱水	低渗性脱水
特点	失水>失钠	失水、失钠比例相当	失钠>失水
血钠浓度(mmol/L)	>150	130~150	<130
血浆渗透压(mmol/L)	>310	280~310	<280
细胞内、外液改变	细胞内液减少为主	细胞内、外液均减少	细胞外液减少为主
常见原因	摄水不足,失水过多	严重呕吐、腹泻等丧失消化液,严重大面积烧伤等	腹泻、呕吐及大量出汗时仅补充水分而未补充电解质

(二)水中毒

组织间隙或体腔内过量体液的潴留称为水肿。体内水分潴留过多导致细胞内水含量过多,称为水中毒。毛细血管滤过压升高、血浆胶体渗透压降低、淋巴回流受阻、组织压力降低等因素可引起水肿。水肿可表现为局部性或全身性,全身性水肿时往往同时有体腔内体液增多(又称积水),如腹水、胸腔积液和心包腔积液等。水中毒时由于细胞外液渗透压降低,水会渗透到细胞内,使细胞肿胀,引起细胞功能紊乱,特别是脑细胞,同时引起体内电解质紊乱。

第二节　无机盐代谢

一、电解质的生理功能

(一)构成体液的成分、维持体液的渗透压和水平衡

电解质是体液的重要组成成分,Na^+ 和 Cl^- 是维持细胞外液渗透压的主要离子,K^+ 和 HPO_4^{2-} 是维持细胞内液渗透压的主要离子。体液中的电解质相对恒定对维持体液的渗透压、保持细胞正常结构和容量方面起着重要作用。

(二)维持体液的酸碱平衡

Na^+、K^+、HCO_3^- 及 HPO_4^{2-} 等是构成血浆和细胞内液缓冲系统的重要组成成分,对维持体液酸碱平衡起重要作用。

(三)维持正常神经肌肉的应激性

神经肌肉的应激性受体液中电解质浓度的影响,其关系式如下:

$$神经肌肉应激性 \propto \frac{[Na^+]+[K^+]}{[Ca^{2+}]+[Mg^{2+}]+[H^+]}$$

即 $[Na^+]$、$[K^+]$、$[OH^-]$ 可提高神经肌肉的应激性;$[Ca^{2+}]$、$[Mg^{2+}]$、$[H^+]$ 可降低神经肌肉的应激性。因此,当 $[Na^+]$、$[K^+]$ 降低或酸中毒时,神经肌肉的兴奋性降低,可出现肌肉软弱无力,肠蠕动减慢,严重时可出现肠麻痹。相反,当 $[Ca^{2+}]$、$[Mg^{2+}]$、$[H^+]$ 降低时,神经肌肉应激性增高,可引起手足搐搦,临床上常用钙剂治疗。

无机离子对心肌细胞应激性的影响,其关系如下:

$$心肌细胞的应激性 \propto \frac{[Na^+]+[Ca^{2+}]+[OH^-]}{[K^+]+[Mg^{2+}]+[H^+]}$$

K^+、Ca^{2+} 对心肌的作用与对神经肌肉的作用正好相反,即 K^+ 具有降低心肌兴奋性的作用,而 Ca^{2+} 有增强心肌收缩的作用。高血钾对心肌有抑制作用,引起舒张期延长,心率减慢,收缩力减弱,传导阻滞,严重时可使心跳停止在舒张期。低血钾常出现心脏自动节律性增高,易产生期前收缩,严重时使心搏停止于收缩期。Na^+、Ca^{2+} 可拮抗 K^+ 对心肌的不利作用,维持心肌的正常应激状态。

(四)参与或影响体内物质代谢

碘为合成甲状腺激素的原料,锌是胰岛素的组成成分。Fe^{2+} 是过氧化氢酶、过氧化物酶和细胞色素氧化酶的辅助因子。Cl^- 是唾液淀粉酶的激活剂,Ca^{2+} 是丙酮酸激酶的抑制剂。K^+ 参与糖及蛋白质的代谢,Ca^{2+} 作为第二信使参与代谢调节等。

二、钠、钾、氯的代谢及高钾血症与低钾血症

(一) 钠、氯的代谢

1. **含量及分布** 正常成人 Na^+ 含量为 45～50mmol/kg 体重。其中 50% 分布在细胞外液，是细胞外液的主要阳离子；10% 在细胞内液。40%～45% 存于骨骼。骨骼是人体钠的储存库。正常人血 Na^+ 浓度为 135～145mmol/L。

正常成人 Cl^- 含量约为 47mmol/kg 体重，其中 70% 存在于细胞外液，是细胞外液的主要阴离子。正常人血 Cl^- 浓度为 98～106mmol/L。

2. **吸收与排泄** 成人每日需要 4.5～9.0g NaCl，主要来自食盐，通常每日从食物中摄取 NaCl 为 5～15g，几乎全部由胃肠道吸收。因饮食习惯不同，每日摄入量有较大差异。一般 Na^+ 和 Cl^- 的摄入量和排出量大致相等。排出途径为汗液、尿及粪便。其中 90% Na^+ 从肾滤过随尿排出，正常人肾对 Na^+ 的排出有很强的调节作用。其特点是"多吃多排，少吃少排，不吃不排"。氯的排泄是伴随钠的排泄而进行的，肾排 Na^+ 的同时也排 Cl^-。在高温、重体力劳动或高热出汗很多时，随汗排出的 NaCl 显著增加，应注意补充。粪便排出的 NaCl 极少。

(二) 钾的代谢

1. **含量和分布** 正常成人 K^+ 含量约 50mmol/kg 体重，其中 98% 分布于细胞内液，2% 存在于细胞外液，是维持细胞内液渗透压的主要阳离子。血浆 K^+ 含量相当稳定，为 3.5～5.5mmol/L。故临床上测定血钾采集血标本时，应防止溶血。

2. **吸收与排泄** 正常成人 K^+ 的每日需要量为 2～3g，从食物摄入的钾约 90% 短时间内在肠道吸收，一般膳食能够满足人体对钾的需要。肠道吸收进入血液的 K^+ 必须依赖细胞膜上的 $Na^+，K^+$-ATP 酶的作用，不断从细胞外液泵入细胞内。试验证明，向血管内注入 K^+ 后，约需 15h 才能达到细胞内外 K^+ 的平衡。因此，临床上静脉滴注补钾应做到"四不宜"，即不宜过浓、不宜过快、不宜过多、不宜过早，以防止引起高血钾。

正常人肾排钾量占总排出量的 90%，粪便排出约 10%。肾对钾排泄的调节能力也很强，其特点为"多吃多排，少吃少排，不吃也排"。因此对禁食、大量输液的患者应注意补钾。对肾衰竭的患者进行补钾时，一定要注意尿量的多少，故临床上有"见尿补钾"之说。

3. **影响血浆 K^+ 浓度恒定的因素** 细胞内糖原、蛋白质合成，K^+ 从细胞外液进入细胞内；细胞内糖原或蛋白质分解时，K^+ 从细胞内释放到细胞外。临床上，在组织生长和创伤修复期或静脉滴注胰岛素、葡萄糖溶液时，由于蛋白质、糖原合成代谢增强，K^+ 进入细胞内增加，可引起低血钾，应注意补钾。反之，当创伤、缺氧、感染等体内物质分解代谢增强时，由于细胞内 K^+ 释出增多，可引起血钾升高。此时可给患者静脉滴注葡萄糖和胰岛素，促进细胞内糖原的合成，从而促进细胞外 K^+ 进入细胞内，以降低高血钾。

酸中毒时，H^+ 由血浆进入细胞内，而 K^+ 则由细胞内进入细胞外，使细胞外液 K^+ 浓度升高，因此酸中毒可引起高血钾。碱中毒时，H^+ 由细胞内转移到细胞外，而 K^+ 则由细胞外进入细胞内，使细胞外液的 K^+ 浓度降低，因此碱中毒可引起低血钾。

(三) 高血钾与低血钾

钾代谢紊乱包括缺钾、低钾血症和高钾血症。值得注意的是，血清 $[K^+]$ 并不能反映体内总钾量。血清 $[K^+]$ 浓度高的病人，其细胞内仍可缺钾；反之，体内总钾量减少者，其血清 $[K^+]$ 可在正常范围内，这是由体液容量与细胞内、外钾的分布情况所决定的。

1. 高钾血症　血清钾超过 5.5mmol/L 时称高钾血症。常见原因有:①进入血液内的钾增多,多见于静脉输入含钾溶液速度过快或量过大,特别是肾功能不全尿量减少时,以及大量输入保存期较久的库血;②钾排泄障碍,如各种原因的少尿或无尿;③细胞内的 K^+ 向细胞外转移。此外,当发生脱水或失血时,亦可致高钾血症。高血钾临床表现为心内传导阻滞、心率变慢、心律失常,严重者心脏停搏于舒张期。

2. 低钾血症　血清钾低于 3.5mmol/L 提示有低钾血症。缺钾或低钾血症的常见原因有:①钾摄入不足;②钾从肾排出增多;③细胞外钾进入细胞内;④静脉营养液中钾盐补充不足;⑤钾从肾外途径丧失,如严重腹泻、呕吐等。低血钾临床表现为心动过速、传导阻滞、期外收缩等,严重者心搏停止于收缩期。

重点提示

肾对 Na^+ 的排出有很强的调节作用,特点是"多吃多排,少吃少排,不吃不排";肾对钾排泄的调节能力也很强,其特点为"多吃多排,少吃少排,不吃也排"。酸中毒可引起高血钾,碱中毒可引起低血钾。

三、钙、磷、镁的代谢及高血钙与低血钙

(一) 钙、磷代谢

1. 钙、磷的含量与分布　正常成人钙总量为 700~1400g,约占体重的 2%。磷总量 400~800g,约占体重的 1%。体内 99% 的钙和 86% 的磷是以羟磷灰石的形式存在于骨、牙之中,其余则分布在软组织和体液(表 10-5)。

表 10-5　人体内钙磷分布情况

部位	钙		磷	
	含量(g)	占总钙(%)	含量(g)	占总磷(%)
骨及牙	1200	99.3	600	85.7
细胞内液	6	0.6	100	14.0
细胞外液	1	0.1	6.2	0.3

2. 钙、磷的生理功能　钙和磷构成人体骨骼和牙的成分,除此之外,钙作为第二信使调节细胞的功能;钙降低毛细血管壁及细胞膜的通透性,临床上常用钙制剂治疗荨麻疹等过敏性疾病以减轻组织的渗出;钙降低神经肌肉的兴奋性,增强心肌的收缩作用;钙参与血液凝固过程,还是一些酶的激活剂或抑制剂。磷参与构成组织结构的成分,磷以磷酸根的形式参与糖、脂类、蛋白质、核酸代谢和能量代谢,磷酸盐缓冲体系参与调节机体的酸碱平衡。

3. 钙、磷的吸收与排泄　钙主要在十二指肠和空肠吸收。游离的 Ca^{2+} 容易被肠道吸收。1,25-$(OH)_2$-D_3 是促进钙吸收的最重要因素。食物中某些成分与钙结合生成不溶性钙盐将阻碍钙的吸收。食物钙的吸收率与年龄成反比,婴儿为 50% 以上,儿童为 40%,成人为 20% 左右,40 岁以后,平均每 10 年减少 5%~10%,所以老年人容易发生骨质疏松。

磷吸收的主要部位是小肠上段,磷在酸性条件下易于被吸收;食物中金属离子如 Ca^{2+}、Mg^{2+}、Fe^{2+} 等过多时,易与磷酸根结合成不溶性的磷酸盐而影响其吸收。

人体每日约 80% 的钙经肠道排出,20% 经肾排出。磷的主要排出途径是肾,占排出量的 60%～80%,随粪便排出的磷为 20%～40%,主要以磷酸钙的形式排出。

4. 血钙与血磷　血钙通常是指血浆钙。血钙的浓度为 2.25～2.75mmol/L。血钙主要有离子钙和结合钙两种存在形式,其中与血浆蛋白(主要为清蛋白)结合称为蛋白结合钙,由于它不易透过毛细血管壁,也不易从肾小球滤过,因此又称不可扩散钙(非扩散钙)。Ca^{2+} 与可溶性钙盐可透过毛细血管壁,称为可扩散钙(图 10-2-1)。血浆中只有离子钙才能直接发挥作用。

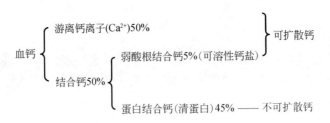

图 10-2-1　血钙的存在形式

$$Ca^{2+} + 血浆蛋白 \underset{H^+}{\overset{HCO_3^-}{\rightleftharpoons}} 蛋白结合钙$$

当血浆 pH 降低时,Ca^{2+} 与清蛋白结合减少,血浆 Ca^{2+} 浓度升高;反之,血浆 pH 升高时,Ca^{2+} 与血浆清蛋白结合增多,此时血清钙总量虽然保持在正常范围,但 Ca^{2+} 浓度降低。临床上碱中毒的患者常发生手足搐搦。

血磷通常指血浆无机磷酸盐中所含的磷。血清无机磷酸盐 80%～85% 以 HPO_4^{2-} 形式存在,15%～20% 以 $H_2PO_4^-$ 形式存在。正常成人血磷含量为 1.1～1.6mmol/L。

临床上常用血钙与血磷浓度的乘积来衡量体内钙磷代谢及骨的代谢。血浆钙磷浓度以 mg/dl 表示时,钙磷浓度的乘积为 35～40。当钙磷乘积为 35～40 时,骨组织合成与分解保持动态平衡,维持骨的更新;大于 40 时,钙磷以骨盐的形式沉积于骨组织中,有利于成骨作用;小于 35 时,则表示钙磷难以沉积于骨组织中,甚至溶解入血增加,影响成骨作用,导致佝偻病或骨软化病。

5. 钙、磷代谢的调节　体内钙磷代谢主要通过 1,25-$(OH)_2$-D_3(活性维生素 D)、甲状旁腺素、降钙素的作用进行调节,维持血钙和血磷水平的恒定,以及骨组织的正常代谢(表 10-6)。

6. 高血钙与低血钙

(1)高钙血症:血钙浓度高于 2.75mmol/L 称为高血钙。引起高钙血症的原因包括溶骨作用增强、小肠钙吸收增加、肾对钙的重吸收增加,以及肾、肠道不能及时排出过多的钙等。多见于恶性肿瘤,如甲状旁腺肿瘤、乳腺癌、多发性骨髓瘤等,其次是原发性甲状旁腺功能亢进症。此外,维生素 D 中毒也可引起高钙、高磷血症(表 10-6)。

表 10-6　调节钙、磷代谢的因素

	甲状旁腺激素（PTH）	降钙素（CT）	$1,25-(OH)_2-D_3$
产生部位	甲状旁腺主细胞分泌	甲状腺 C 细胞分泌	由7-脱氢胆固醇转化而来；动物食物中摄取
受体分布	肾、骨	肾、骨	分部广泛，主要为小肠、骨、肾
主要作用	升血钙、降血磷	降血钙、降血磷	升血钙、升血磷
作用机制	1. 促进骨钙入血 2. 促进近端小管对钙的吸收 3. 抑制近端小管对磷的吸收 4. 间接促进小肠对钙的吸收	1. 抑制破骨细胞活动 2. 促进骨组织中钙磷沉积 3. 抑制肾小管对钙磷吸收	1. 促进小肠对钙的吸收 2. 调节骨钙的沉积和释放 3. 促进肾小管对钙磷的吸收

（2）低钙血症：血钙浓度低于 2.25mmol/L 称为低血钙。引起低血钙的原因主要有：①血浆蛋白质含量减少，与蛋白结合的钙减少，血浆钙总量降低；②甲状旁腺功能减退；③维生素 D 缺乏或严重的肝病或肾病致维生素 D 不能活化，导致小肠钙的吸收降低，血钙降低等。在临床上，低血钙症常发生手足搐搦。低血钙可引起骨质普遍脱钙，导致婴幼儿佝偻病和成人骨软化症。肝、肾功能严重障碍时，维生素 D 转变为 $1,25-(OH)_2-D_3$ 的能力下降，形成所谓肝性或肾性佝偻病。由此发生的佝偻病及骨软化症用维生素 D 治疗无效，又称抗维生素 D 佝偻病。此外，老年人和更年期后的妇女由于血钙降低导致骨骼进行性脱盐，骨密度降低，易发生骨质疏松。

（二）镁代谢

镁是细胞内重要阳离子之一。正常成人体内镁含量为 20~28g，约 54% 存在于骨、牙中，46% 存在于细胞内，细胞外液不超过总量的 1%。正常人血镁浓度为 0.8~1.1mmol/L。人体每日镁的需要量为 0.2~0.4g，主要从绿色蔬菜中获得。镁的吸收主要在小肠，排泄主要是通过肠道和肾。

镁是许多酶系的辅助因子或激活剂，参与蛋白质、脂肪、糖及核酸和能量的代谢；还参与离子转运、神经的传导、肌肉的收缩等生理活动。镁离子对中枢神经系统和神经肌肉接头起抑制作用，具有镇静作用。低血镁可引起与低血钙类似的手足搐搦。镁作用于外周血管可引起血管扩张，产生降低血压作用。此外，镁的弱碱盐是良好的抗酸剂，是抗酸药的主要成分之一，可用于治疗胃酸过多引起的消化性溃疡。镁盐如硫酸镁在临床上可作为导泻药。

┌─────────────┐
│ **重点提示** │
└─────────────┘

临床上常用血钙与血磷浓度的乘积来衡量体内钙磷代谢及骨的代谢。当钙磷乘积为 35~40 时，骨组织合成与分解保持动态平衡，维持骨的更新。体内钙磷代谢主要通过$1,25-(OH)_2-D_3$（活性维生素 D）、甲状旁腺素、降钙素的作用进行调节。

四、微量元素代谢

人体是由几十种元素组成的，含量占人体体重的 0.01% 以下，每日需要量在 100mg 以下者称为微量元素。目前公认的人体必需微量元素有铁、铜、锌、碘、锰、硒、氟、钼、钴、铬、钒、镍、锶、硅 14 种,广泛分布于各组织中,含量较恒定,在体内主要是通过形成结合蛋白、酶、激素和维生素等而发挥其重要的作用。

(一)铁的代谢

成人体内含铁量为 3~5g。其中 60%~70% 分布于血红蛋白,5% 分布于肌红蛋白,细胞色素及含铁酶中约占 1%;其余 25%~30% 以铁蛋白和含铁血黄素的形式储存于肝、脾、骨髓等组织中。儿童、成年男子和绝经期妇女铁的每日需要量为 0.5~1.0mg,月经期妇女为 1.5~2.0mg,孕妇为 2.0~2.5mg。

铁吸收的主要部位在十二指肠及空肠上段。Fe^{2+} 较 Fe^{3+} 易吸收,胃酸、维生素 C、半胱氨酸、谷胱甘肽等可使 Fe^{3+} 还原成 Fe^{2+},促进铁吸收;柠檬酸、苹果酸、氨基酸、果糖、胆汁酸可与铁结合成可溶性复合物,有利于铁的吸收。正常人铁的排出主要通过消化道、泌尿生殖道脱落的上皮细胞和皮肤脱屑,一般每日排泄 0.5~1mg。另外女性月经期、哺乳期也将丢失部分铁。

铁的生理功能有:①合成血红蛋白;②合成肌红蛋白;③构成人体必需的酶,如细胞色素酶类、过氧化氢酶、过氧化物酶等。机体缺铁使红细胞生成障碍,可导致缺铁性贫血。

(二)锌的代谢

人体内含锌为 2~3g,成人每日供给量为 15~20mg。锌是 80 多种酶的组成成分或激活剂。①锌参与 DNA、RNA 的合成及蛋白质生物合成等,促进生长发育;②参与免疫、防御功能;③锌还参与胰岛素合成,增强胰岛素的活性;④锌与感觉功能有关,如视觉传导、改善味觉和嗅觉等;⑤锌还与性器官的发育、第二性征和性功能、生育等均有密切关系。因此,缺锌会导致多种代谢障碍,如儿童缺锌可引起生长发育迟缓、生殖器发育受损、伤口愈合迟缓、皮肤干燥、味觉减退等表现。

(三)碘的代谢

正常成人体内碘含量为 25~50mg,大部分集中于甲状腺中。成人每日供给量为 0.1~0.15mg。碘主要参与合成甲状腺激素。甲状腺激素在调节代谢及生长发育中发挥重要作用。成人缺碘可引起甲状腺肿大,称甲状腺肿。胎儿及新生儿缺碘则可引起呆小病,患儿表现为生长发育不良、智力低下、体力不佳等。

(四)硒的代谢

成人体内硒含化量为 14~21mg,成人每日供给量为 50~200μg。硒的主要生物学功能是作为谷胱甘肽过氧物酶(GSH-Px)的必需组成成分,清除体内自由基,防止脂质过氧化作用,可保护细胞膜不受过氧化物的损伤,维持生物膜正常结构和功能。

硒缺乏与多种疾病的发生有关,如克山病、心肌炎、扩张型心肌病、大骨节病等。硒还抑制肿瘤的生长,具有抗癌作用。硒过多也会对人体产生毒性作用,如脱发、指甲脱落、周围性神经炎、生长迟缓及生育力降低等。

(五)氟的代谢

人体内氟含量为 2~3g,其中 90% 存在于骨及牙中。成人每日供给量为 1.5~4mg。氟能取代骨、牙中羟基,形成氟磷灰石,形成坚硬的氟磷灰石,能抗酸、抗腐蚀。

氟缺乏时易发生龋齿,常见于儿童。老年人缺氟常可导致骨质疏松,易发生骨折。机体氟过多可造成骨质脱钙、骨质疏松、骨变色、骨膜外成骨及牙形成氟斑齿等;氟过多还对大脑、甲状腺、肾上腺、胰腺、生殖腺等组织的功能产生一定的损害。

重点提示

　　人体内含量占体重 0.01% 以下,每日需要量在 100mg 以下的元素称为微量元素。目前公认的人体必需微量元素有铁、铜、锌、碘、锰、硒、氟、钼、钴、铬、钒、镍、锶、硅 14 种。

第三节　水与电解质平衡的调节

一、抗利尿激素的作用

　　抗利尿激素(ADH)主要作用是提高远曲小管和集合管对水的通透性,促进水的吸收。抗利尿激素的分泌主要受血浆晶体渗透压、循环血量和动脉血压的影响。当血浆晶体渗透压升高,抗利尿激素分泌增多,肾对水的重吸收增多,尿量减少;当血浆晶体渗透压降低,抗利尿激素分泌减少,肾对水的重吸收减少,尿量增多,将体内多余的水排出体外。

　　循环血量的改变,能反射性地影响抗利尿激素的释放。血容量过多时,左心房被扩张,刺激容量感受器,通过迷走神经,抑制下丘脑-神经垂体系统释放抗利尿激素,排出多余的水分,恢复正常血容量。血容量减少时则相反。动脉血压升高,刺激颈动脉窦压力感受器,可反射性地抑制抗利尿激素的释放。此外,心钠素(心房利钠因子)可抑制抗利尿激素分泌,血管紧张素Ⅱ则可刺激其分泌。

二、醛固酮的作用

　　醛固酮(ADS)的主要作用是促进远曲小管和集合管的主细胞重吸收 K^+ 而排出 K^+,有保钠排钾作用。醛固酮的合成与分泌受血管紧张素和血 K^+ 浓度、血 Na^+ 浓度的影响。血 K^+ 浓度升高或血 Na^+ 浓度降低,醛固酮的分泌增加,导致保 Na^+ 排 K^+,从而维持了血 K^+ 和血 Na^+ 浓度的平衡;反之,血 K^+ 浓度降低,或血 Na^+ 浓度升高,则醛固酮分泌减少。

　　醛固酮在促进远曲小管和集合管对 Na^+ 重吸收增强的同时,使 Cl^- 和水的重吸收增加,起到了调节细胞外液容量和电解质平衡的作用。

第四节　酸　碱　平　衡

一、酸碱平衡的概念与体内酸碱物质的来源

　　机体每天不断地从外界食物中摄取不等量的酸性或碱性食物,同时在代谢过程中也不断产生不等量的酸性或碱性物质。正常情况下,机体通过一系列的调节作用,可将多余的酸性或碱性物质排出体外,使血浆的 pH 总是维持在 7.35 ~ 7.45 的恒定范围内,此过程称为酸碱平衡。机体对酸碱平衡的调节主要通过三个方面:血液的缓冲作用、肺呼出 CO_2 的调节作用和肾排出酸碱的调节作用,无论哪一方面出现障碍,都可能导致体液酸碱平衡紊乱,而出现各种类型的酸中毒或碱中毒。

（一）体内酸性物质的来源

1. **物质代谢产生的酸性物质** 是体内酸性物质的主要来源。①挥发性酸即碳酸,正常成人每日由糖、脂肪、蛋白质分解代谢产生约 350L 的 CO_2,所生成的 CO_2 主要在红细胞内碳酸酐酶的催化下与 H_2O 结合生成碳酸(可产生相当于 15mol 的 H^+)。碳酸在肺部重新分解成 CO_2 并呼出体外,称为挥发性酸。碳酸是体内产生量最多的酸。②非挥发性酸即固定酸,是指由物质代谢产生不能经肺部呼出,必须经肾随尿排出体外的酸性物质,如丙酮酸、乳酸,酮体中的 β-羟丁酸、乙酰乙酸、尿酸、硫酸、磷酸等。正常人每天固定酸产生的 H^+ 仅为 50~100mmol。

由于体内酸性物质主要来自糖、脂肪、蛋白质的分解代谢,因此谷类食物和动物性食物为酸性食物。

2. **直接摄入的酸性物质** 机体直接摄入一些酸性物质,如醋酸、酸性饮料或药物等。

（二）体内碱性物质的来源

1. **机体摄入碱性物质** 体内碱性物质主要来自于食物中的蔬菜水果等。蔬菜和水果中含有较多的有机酸盐,如柠檬酸钾盐或钠盐、苹果酸钾盐或钠盐等,其有机酸根在体内氧化生成 CO_2 和 H_2O,剩下的 Na^+、K^+ 可与 HCO_3^- 结合生成碳酸氢盐,所以蔬菜和水果类食物为碱性食物。

2. **机体代谢产生** 如氨基酸脱氨基作用产生氨及胺类物质等。

可以看出在正常饮食情况下,体内酸性物质的产生量远远大于碱性物质,因此,机体对酸碱平衡的调节是以对酸的调节为主。

二、酸碱平衡的调节

（一）血液的缓冲作用

血液缓冲体系由血浆缓冲对和红细胞缓冲对两部分组成。血浆中的缓冲对有:$NaHCO_3/H_2CO_3$,Na_2HPO_4/NaH_2PO_4,$Na-Pr/H-Pr$(Pr:血浆蛋白)。红细胞中的缓冲对有:$KHCO_3/H_2CO_3$,K_2HPO_4/KH_2PO_4,$K-Hb/H-Hb$,$K-HbO_2/H-HbO_2$(Hb:血红蛋白)。

血浆中的缓冲对以 $NaHCO_3/H_2CO_3$ 最重要,红细胞中血红蛋白缓冲体系最重要。血浆中的 $NaHCO_3/H_2CO_3$ 缓冲对的含量最多、缓冲能力最强。正常人血浆中 $NaHCO_3$ 的浓度约为 24mmol/L,H_2CO_3 的浓度约为 1.2mmol/L,两者比值为 20:1。只要血浆中碳酸氢盐缓冲对的两种成分浓度之比保持 20:1,血浆 pH 即为 7.4。血液 pH 取决于碳酸氢盐缓冲对中两种成分的浓度比值,而不是取决于它们的绝对浓度。

进入血液的固定酸或碱性物质,主要由血浆中碳酸氢盐缓冲体系缓冲;进入血液的挥发性酸主要由红细胞中血红蛋白缓冲体系缓冲。

1. **对固定酸的缓冲作用** 代谢过程中产生的固定酸(H-A)进入血浆时,主要由 $NaHCO_3$ 中和,使较强的固定酸转变为较弱的 H_2CO_3,H_2CO_3 进一步分解成 CO_2 和 H_2O,CO_2 可经肺呼出体外,而不使血浆 pH 有较大波动。其作用可表示如下。

$$H-A+NaHCO_3 \rightarrow Na-A+H_2CO_3$$
$$H_2CO_3 \rightarrow H_2O+CO_2$$

血浆中的碳酸氢钠主要用来缓冲固定酸,在一定程度上可代表血浆对固定酸的缓冲能力,故习惯上将血浆碳酸氢钠称为碱储。碱储的多少可用血浆二氧化碳结合力表示。

2. **对碱性物质的缓冲作用** 碱性物质(如碳酸钠)进入血液后,主要被血浆中的 H_2CO_3 所

缓冲。即

$$Na_2CO_3 + H_2CO_3 \longrightarrow 2NaHCO_3$$

反应的结果是使碱性较强的 Na_2CO_3 转变为碱性较弱的 $NaHCO_3$，生成过多的 $NaHCO_3$ 可由肾排出体外，从而保持了血液 pH 的相对恒定。

3. 对挥发性酸的缓冲作用　组织细胞分解代谢产生的 CO_2 不断地扩散至血浆及红细胞，而红细胞内富含碳酸酐酶，能迅速催化 CO_2 和 H_2O 生成大量的碳酸。碳酸主要被 KHb/HHb 缓冲对缓冲，经血液运输到肺部，再分解成 H_2O 和 CO_2，CO_2 由肺呼出（图 10-4-1）。

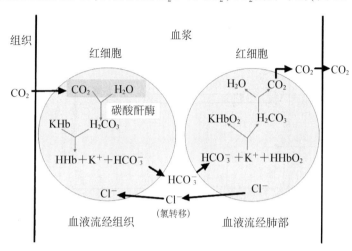

图 10-4-1　血红蛋白缓冲体系对挥发酸的缓冲作用

(二) 肺对酸碱平衡的调节作用

肺通过呼出 CO_2 的多少来调节血液 H_2CO_3 的含量。当血液中 CO_2 分压升高或 pH 降低时，延髓的呼吸中枢化学感受器受到刺激而兴奋，呼吸运动加深加快，将过多的 CO_2 排出体外，使血浆 H_2CO_3 浓度下降；反之，当血液中 CO_2 分压降低或 pH 升高时，呼吸中枢受到抑制，呼吸运动变浅变慢，CO_2 排出速度减慢，排出量减少，血液中 H_2CO_3 的浓度升高。以此来维持血浆中 $NaHCO_3/H_2CO_3$ 的正常比值。

(三) 肾对酸碱平衡的调节作用

肾对酸碱平衡的调节作用主要通过排酸保碱，对血浆中 $NaHCO_3$ 的浓度进行调节，这种作用由肾小管上皮细胞的 H^+-Na^+ 交换过程来实现。H^+-Na^+ 的交换基本方式有三种。

1. $NaHCO_3$ 的重吸收　肾小管上皮细胞富含碳酸酐酶（CA），可催化 CO_2 和 H_2O 反应生成 H_2CO_3，H_2CO_3 再解离释放出 HCO_3^- 和 H^+，H^+ 被肾小管细胞泌入管腔，与原尿中的 Na^+ 进行交换（即 H^+-Na^+ 交换），原尿中的 Na^+ 进入肾小管细胞，与细胞内 HCO_3^- 结合生成 $NaHCO_3$ 后重新回到血液中，该过程称为 $NaHCO_3$ 的重吸收（图 10-4-2）。

2. 尿液的酸化　原尿中有来自血液的 Na_2HPO_4，从肾小管上皮细胞分泌至管腔的 H^+ 可与原尿中 Na_2HPO_4 的 Na^+ 进行交换，重吸收进入细胞的 Na^+ 与细胞内的 HCO_3^- 结合成 $NaHCO_3$ 进入血，以补充血液缓冲固定酸时消耗的 $NaHCO_3$。通过这种交换，原尿中碱性的 Na_2HPO_4 大部分转变成了酸性的 NaH_2PO_4，尿液的 pH 下降，故称为尿液的酸化（图 10-4-3）。

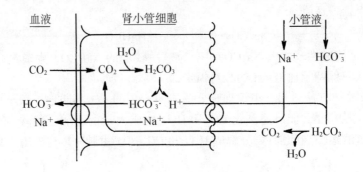

图 10-4-2　$NaHCO_3$ 的重吸收

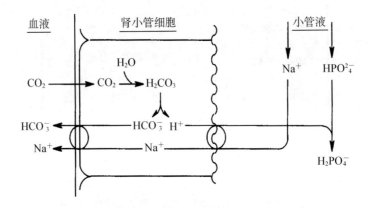

图 10-4-3　尿液的酸化

3. NH_3 的分泌　肾小管上皮细胞还具有泌 NH_3 作用,分泌的 NH_3 主要来自于小管上皮细胞中谷氨酰胺的水解。肾小管上皮细胞中的谷氨酰胺在谷氨酰胺酶的催化下水解,产生谷氨酸和氨。此外,氨基酸脱氨基作用也可产生部分氨。NH_3 能与 H^+ 结合生成 NH_4^+,NH_4^+ 以 NH_4Cl 或 $(NH_4)_2SO_4$ 的形式随尿排出(图 10-4-4)。

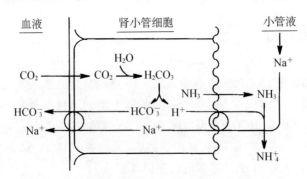

图 10-4-4　铵盐的排泄

随着 NH_3 的分泌,管腔液中的 H^+ 浓度降低,有利于肾小管细胞泌 H^+。肾小管细胞泌 H^+ 增强,又能促进泌 NH_3 作用。当体内酸多时,肾小管就会加强 NH_3 的生成和 NH_4^+ 的排泄,同时

$NaHCO_3$ 的重吸收也增多,反之则减少。

肾通过 $NaHCO_3$ 的重吸收、尿液的酸化、氨的分泌这三种方式调节血浆 $NaHCO_3$ 的浓度,以保持 $NaHCO_3/H_2CO_3$ 的正常比值。肾对酸碱平衡调节的主要作用是排酸保碱;特点是起效最慢,但强而持久,作用彻底。所以,肾是调节酸碱平衡最重要的器官。

综上所述,机体对酸碱平衡的调节是通过血液的缓冲作用、肺的呼吸功能和肾的排泄与重吸收功能三者之间相互配合,协同发挥作用来完成的。进入血液的酸性或碱性物质,首先由血液缓冲体系的缓冲作用,将酸碱性较强的物质转变成酸碱性较弱的物质,从而引起 $NaHCO_3$ 或 H_2CO_3 含量和比值的变化;肺通过呼出 CO_2 的多少来调节血液 H_2CO_3 的含量;肾则通过排出多余的酸或碱来调节血浆 $NaHCO_3$ 含量。肺和肾的协同作用使 $NaHCO_3/H_2CO_3$ 的含量和比值保持正常,从而使血浆 pH 维持在 7.35~7.45 的正常范围内。

> **重点提示**
>
> 机体对酸碱平衡的调节是通过血液的缓冲作用、肺的呼吸功能和肾的排泄与重吸收功能三者之间相互配合,协同发挥作用来完成的。血浆中的 $NaHCO_3/H_2CO_3$ 缓冲对的含量最多、缓冲能力最强,血液 pH 取决于缓冲对中两种成分的浓度比值。肾是调节酸碱平衡最重要的器官。

三、酸碱平衡失调的基本类型

体内酸性物质或碱性物质过多或不足,超过机体的调节能力;或肺、肾调节功能障碍;或体内电解质平衡紊乱等原因都可引起酸碱平衡失调,又称为酸碱平衡紊乱。酸碱平衡失调的类型可分为代谢性酸、碱中毒和呼吸性酸、碱中毒。各种类型的酸、碱中毒经过体内的调节,能使血液 pH 保持在正常范围,即 $[NaHCO_3]$ 和 $[H_2CO_3]$ 的比值正常,但血液中的 $NaHCO_3$ 和 H_2CO_3 的含量超出正常范围,称为代偿性酸碱平衡紊乱;如经机体调节后,血液 pH 仍然超出正常范围,即 $NaHCO_3$ 和 H_2CO_3 的含量和比值均超出正常,称为失代偿性酸碱平衡紊乱。因此,上述各种类型的酸碱中毒都有代偿性和失代偿性之分。

1. **代谢性酸中毒**　各种原因引起血浆 $[NaHCO_3]$ 原发性降低,称为代谢性酸中毒。常见原因有:①固定酸产生过多,如糖尿病酮症酸中毒、缺氧引起的乳酸中毒;②体内 $NaHCO_3$ 丢失过多,如腹泻、肠瘘、胆道或肠道引流等;③血钾增高;④酸性代谢产物排出障碍,如肾衰竭。

2. **代谢性碱中毒**　各种原因引起血浆 $[NaHCO_3]$ 原发性增加,称为代谢性碱中毒。主要原因有:①胃酸大量丢失,如剧烈呕吐;②碱性药物摄入过多;③固定酸丢失过多;④血钾降低。此外,醛固酮分泌增多及大量使用利尿药等,都可以引起代谢性碱中毒。

3. **呼吸性酸中毒**　由于呼吸障碍,体内 CO_2 呼出减少,引起血浆 $[H_2CO_3]$ 原发性增加,称为呼吸性酸中毒。主要原因有:①呼吸道和肺部疾病,如肺炎、哮喘、肺气肿、气胸等;②呼吸中枢受抑制,如使用麻醉药、吗啡、催眠药等过量。

4. **呼吸性碱中毒**　由于呼吸障碍,CO_2 排出过多,引起血浆 $[H_2CO_3]$ 原发性降低,称为呼吸性碱中毒,如癔症、精神过度紧张、高热、创伤、感染、中枢神经系统疾病和使用呼吸机不当等都可能导致呼吸性碱中毒。

四、酸碱平衡失调的主要生化指标及临床意义

临床上为了全面、准确地判断体内酸碱平衡的情况,需要测定血液的 pH、反映呼吸性因素的 H_2CO_3 和代谢性因素的 $NaHCO_3$ 等三方面指标。

(一)血液 pH

正常人血液 pH 保持在 7.35~7.45,平均值 7.40。血液 pH>7.45,提示体内有失代偿性碱中毒存在;血液 pH<7.35,提示体内有失代偿性酸中毒存在。但血液 pH 的测定只能表明是酸中毒还是碱中毒,不能区分是代谢性酸、碱中毒,还是呼吸性酸、碱中毒,即使血液 pH 的测定在正常范围,也不能完全排除酸、碱平衡紊乱的存在,因代偿型酸、碱平衡紊乱的血液 pH 仍在正常范围。

(二)血液二氧化碳分压(PCO₂)

PCO_2 通常表示动脉血二氧化碳分压,它是指血液中以物理溶解状态存在的 CO_2 分子产生的压力。正常血液 PCO_2 为 4.5~6.0kPa(35~45mmHg),平均为 5.3kPa(40mmHg)。

血液 PCO_2 是判断呼吸性酸碱紊乱的主要指标。若 PCO_2>6.0kPa,提示肺通气不良,体内有 CO_2 蓄积,血液 $[H_2CO_3]$ 升高,为原发性呼吸性酸中毒。若 PCO_2<4.5kPa,表示肺通气过度,CO_2 排出过多,血液 $[H_2CO_3]$ 降低,为原发性呼吸性碱中毒。PCO_2 也可呈现继发性的改变。

(三)血浆二氧化碳结合力(CO₂CP)

二氧化碳结合力是指在 25℃、PCO_2 为 5.3kPa 时,100ml 血浆中以 HCO_3^- 形式存在的 CO_2 量,反映血浆中 HCO_3^- 的含量。习惯上常把血浆中的 $NaHCO_3$ 称为碱储备。正常血浆 CO_2CP 的参考值为 23~31mmol/L,平均 27mmol/L。

血浆 CO_2CP 不仅受呼吸因素影响,也受代谢因素影响。CO_2CP 升高可见于代谢性碱中毒或呼吸性酸中毒,降低则见于代谢性酸中毒或呼吸性碱中毒。

重点提示

正常人血液 pH 为 7.35~7.45。血液 pH>7.45,提示失代偿性碱中毒;血液 pH<7.35,提示失代偿性酸中毒。单凭血液 pH 的变化不可能区别是代谢性还是呼吸性酸碱失衡。血液 PCO_2 是反映酸碱平衡失调中呼吸因素的主要指标。血浆 CO_2CP 不仅受呼吸因素影响,也受代谢因素影响。

讨论与思考

1. 为什么说不能进食(不吃不喝)的病人在补充电解质时首先应考虑补充钾,有哪些因素影响血钾的浓度?

2. 铁在体内的主要生理作用是什么?哪些因素有利于铁的吸收?

3. 某糖尿病患者血气检查结果:pH7.30、HCO_3^-16mmol/L、PCO_2 4.5kPa(34mmHg)、Na^+ 140mmol/L、血 Cl^- 104mmol/L,其酸碱失衡属何类型?依据是什么?

4. 某慢性肺源性心脏病患者血气检查结果:pH7.33、HCO_3^-36mmol/L、PCO_2 9.3kPa (70mmHg),其酸碱失衡属何类型?依据是什么?

(孙江山)

附录 A 实 验

实验一 酶的特异性及影响酶促反应速度的因素

【目的】

通过实验,证明酶的特异性,即酶对底物及反应类型的选择性;以及温度、pH、激活剂和抑制剂对酶促反应速度的影响。

【原理】

本实验以唾液淀粉酶对淀粉的作用为例,说明酶的特异性。唾液淀粉酶只能催化淀粉水解生成糊精、麦芽糖和葡萄糖,后两者均为还原糖,能将班氏试剂中 Cu^{2+} 还原成 Cu^+,生成砖红色的氧化亚铜(Cu_2O)沉淀;但是淀粉酶不能催化蔗糖水解,且蔗糖本身不是还原糖,故不能与班氏试剂作用呈色,以此证明酶催化底物的特异性。

唾液淀粉酶对淀粉的水解过程是"淀粉→糊精→麦芽糖→葡萄糖"。淀粉和糊精遇碘溶液会呈现出不同颜色,淀粉遇碘变蓝,糊精遇碘则根据量的不同而依次呈现紫色、褐色和红色。而麦芽糖和葡萄糖遇碘不变色。通过颜色的变化可以了解淀粉酶在不同条件下水解淀粉的程度,以观察温度、pH、激活剂和抑制剂对酶催化作用的影响。

【器材】

试管、试管架、温度计、滴管、记号笔、恒温水浴箱、沸水浴箱、冰箱等。

【试剂】

1. 1%淀粉溶液 称取淀粉 1g,加 5ml 蒸馏水,调成糊状,徐徐倒入 80ml 煮沸的蒸馏水中不断搅拌,待其溶解后加蒸馏水至 100ml。该液应新鲜配制,防止细菌污染。

2. 1%蔗糖溶液 称 1g 蔗糖,加蒸馏水至 100ml 溶解。

3. 稀释的新鲜唾液 将痰吐尽,漱口,去除食物残渣后,口含蒸馏水 30ml 咀嚼,2min 后吐入烧杯备用。

4. 缓冲液

(1)pH6.8 缓冲液:取 0.2mol/L 磷酸氢二钠溶液 772ml,0.1mol/L 柠檬酸溶液 228ml 混合而成。

(2)pH3.0 缓冲液:取 0.2mol/磷酸氢二钠溶液 205ml,0.1mol/L 柠檬酸溶液 795ml 混合而成。

(3)pH8.0 缓冲液:取 0.2mol/磷酸氢二钠溶液 972ml,0.1mol/L 柠檬酸溶液 28ml 混合而成。

5. 班氏试剂 溶解结晶硫酸铜($CuSO_4 \cdot 5H_2O$)17.3g 于 100ml 热的蒸馏水中,冷却后加水至 150ml,此为第一液。将柠檬酸钠 173g 和无水碳酸钠 100g 加蒸馏水 600ml,加热溶解,冷却后稀释至 850ml,此为第二液。最后把第一液慢慢倒入第二液中,混匀即可。

6. 1%NaCl 溶液 称取 1g NaCl,加蒸馏水至 100ml 即成。

7. 1%$CuSO_4$溶液 称取 1g $CuSO_4$,加蒸馏水至 100ml 即成。

8. 1% Na$_2$SO$_4$ 溶液　称取 1g Na$_2$SO$_4$，加蒸馏水至 100ml 即成。

9. 稀碘溶液　称取 2g 碘，4g 碘化钾，加蒸馏水至 1000ml，置棕色试剂瓶中备用。

【操作】

1. 酶的特异性　取 2 支试管，编号，按下表顺序操作。

试剂(滴)	1 号管	2 号管
pH 6.8 缓冲液	20	20
不同试剂	1% 淀粉溶液(10 滴)	1% 蔗糖溶液(10 滴)
稀释的新鲜唾液	5	5
各管摇匀后，放置 37℃恒温水浴箱中保温 10min 后取出		
班氏试剂	20	20
混匀后置 100℃沸水浴箱中煮沸 5min，观察各管颜色变化		

2. 温度对酶催化作用的影响　取 3 支试管，编号，按下表顺序操作。

试剂(滴)	1 号管	2 号管	3 号管
pH 6.8 缓冲液	20	20	20
1% 淀粉溶液	10	10	10
置于水浴箱 5min	0~4℃冰浴箱	37℃恒温水浴箱	100℃沸水浴箱
稀释的新鲜唾液	5	5	5
置水浴箱 10min	0~4℃冰浴箱	37℃恒温水浴箱	100℃沸水浴箱
稀碘溶液	1	1	1
观察各管颜色变化			

3. pH 对对酶催化作用的影响　取 3 支试管，编号，按下表顺序操作。

试剂(滴)	1 号管	2 号管	3 号管
各缓冲液	pH3.0(20 滴)	pH6.8(20 滴)	pH8.0(20 滴)
1% 淀粉溶液	10	10	10
稀释的新鲜唾液	5	5	5
各管混匀，置 37℃恒温水浴箱 10min 后取出			
稀碘溶液	1	1	1
观察各管颜色变化			

4. 激活剂和抑制剂对酶催化作用的影响 取 3 支试管,编号,按下表顺序操作。

试剂(滴)	1 号管	2 号管	3 号管
pH6.8 缓冲液	20	20	20
1% 淀粉溶液	10	10	10
不同试剂	1% NaCl(10 滴)	1% $CuSO_4$(10 滴)	1% Na_2SO_4(10 滴)
稀释的新鲜唾液	5	5	5
各管混匀,置 37℃恒温水浴箱保温 10min 后取出			
稀碘溶液	1	1	1
观察各管颜色变化			

【实验结果】

【分析】

【注意事项】

1. 唾液淀粉酶的活性存在个体差异,同时受唾液稀释倍数的影响,收集唾液时应事先确定稀释倍数,或收集 2~4 人的混合唾液。

2. 酶促反应的保温时间直接影响实验结果。

【思考题】

1. 何谓酶的特异性?酶的特异性有哪些类型?

2. 试述影响酶促反应的因素有哪些?它们对酶催化作用的影响是什么?

3. 唾液淀粉酶的最适温度和 pH 分别是多少?其抑制剂和激活剂又是什么?

(周 玲)

实验二 肝中酮体的生成作用

【实验目的】

1. 学习实验所用动物组织的获取及组织匀浆的制备。

2. 验证酮体的生成是肝特有的功能。

【实验原理】

本实验的反应实质为酶促反应,底物为丁酸,酶为肝组织匀浆里所特含的催化酮体生成的酶系,终产物为酮体。显色粉中硝普钠可与乙酰乙酸及丙酮反应,生成紫红色化合物。因肌肉组织匀浆里不含催化酮体生成的酶系,故不产生上述显色反应。

【实验材料】

1. 动物 家兔(或豚鼠)1 只。

2. 器材 手术剪、试管架、试管、记号笔、滴管、研钵、离心机、恒温水浴箱、白瓷反应板。

【实验试剂】

1. 0.9%氯化钠溶液。

2. 洛克溶液(取氯化钠 0.9g、氯化钾 0.042g、氯化钙 0.024g、碳酸氢钠 0.02g、葡萄糖 0.1g,加少量蒸馏水溶解后,再加蒸馏水稀释至 100ml)。

3. 0.5mol/L 丁酸溶液(取 44.0g 正丁酸,溶于适量 0.1mol/L 氢氧化钠溶液,再加 0.1mol/L 氢氧化钠溶液稀释至 1000ml)。

4. pH=7.6 的磷酸盐缓冲液(取 $Na_2HPO_4 \cdot 2H_2O$ 7.74g,$NaH_2PO_4 \cdot H_2O$ 0.897g,加蒸馏水稀释至 500ml。精测 pH 至 7.6)。

5. 15%三氯醋酸溶液。

6. 显色粉(取硝普钠 1g、无水碳酸钠 30g、硫酸铵 50g,混合研匀即得)。

【操作】

1. 制备肝匀浆和肌匀浆:取家兔(或豚鼠),猛击脑后致死,迅速取其肝和肌肉组织,用 0.9%氯化钠溶液冲洗除去血渍,分别剪碎后放入两个研钵内,按 1(g):3(ml)的比例加入 0.9%氯化钠溶液,充分研磨,制成肝匀浆和肌匀浆。

2. 取 4 支试管,编号,按附表-1 分别加入各种试剂。

附表-1　4 支试管内各种试剂的量

管号	洛克溶液	丁酸溶液 (0.5mol/L)	磷酸盐缓冲液 (pH=7.6)	肝匀浆液	肌匀浆液	蒸馏水
1	15 滴	30 滴	15 滴	20 滴	–	–
2	15 滴	–	15 滴	20 滴	–	30 滴
3	15 滴	30 滴	15 滴	–	–	20 滴
4	15 滴	30 滴	15 滴	–	20 滴	–

3. 将以上 4 支试管摇匀,置于 37℃恒温水浴中保温 40~50min。

4. 取出上述试管,每管中各加 15%三氯醋酸溶液 20 滴,混合均匀,进行 3000 转/分钟的离心操作 5min。

5. 分别取上述 4 支离心试管中的上清液各 10 滴,滴于白瓷反应板的 4 个凹槽中,再向 4 个凹槽中分别加显色粉约 0.1g,观察各凹槽的颜色反应。

【报告】

1. 记录各试管液与显色粉反应的颜色变化结果,并分析原因。

2. 结合本次实验说明酮体生成和利用的代谢特点。

(柳晓燕)

附录 B 生物化学有关缩略词中英文对照

英文缩写	英文名称	中文名称
A	adenine,adenosine,albumin	腺嘌呤,腺苷,清蛋白
AchE	Acetylcholinesterase	乙酰胆碱酯酶
ADH	antidiuretic hormone	血管升压素
ADP	adenosine diphosphate	腺苷二磷酸
A/G	A/G ratio	清蛋白球蛋白比
ALP	alkaline phosphatase	碱性磷酸酶
ALT	alanine aminotransferase	丙氨酸氨基转移酶
α-HBDH	alpha hydroxybutyric acid dehydrogenase	α-羟丁酸脱氢酶
AMP	adenosine monophosphate	腺苷一磷酸
AST	aspartate aminotransferase	天冬氨酸氨基转移酶
ATP	adenosine triphosphate	腺苷三磷酸
BAL	british anti-lewisite	二巯基丙醇
C	cytosine,cytidine	胞嘧啶,胞苷
CE	cholesterol ester	胆固醇酯
CDP	cytidine diphosphate	胞苷二磷酸
Ch	cholesterol	胆固醇
CK	creatine kinase	肌酸激酶
CM	chylomicron	乳糜微粒
CMP	cytidine monophosphate	胞苷一磷酸
CoA	coenzyme A	辅酶 A
CO_2CP	carbon dioxide combining power	二氧化碳结合力
CTP	cytidine triphosphate	胞苷三磷酸
Cyt	cytochrome	细胞色素
DNA	deoxyribonucleic acid	脱氧核糖核苷酸
dTDP	deoxythymidine diphosphate	脱氧二磷酸胸苷
dTMP	deoxythymidine monophosphate	脱氧一磷酸胸苷
dTTP	deoxythymidine triphosphate	脱氧三磷酸胸苷
FH_2	dihydrofolic acid	二氢叶酸
E	enzyme	酶
ES	enzymesubstrate complex	酶-底复合物
FAD	flavin adenine dinucleotide	黄素腺嘌呤二核苷酸
FH_4	tetrahydrofolic acid	四氢叶酸
FMN	flavin mononucleotide	黄素单核苷酸
G	guanine,guanosine,globulin	鸟嘌呤,鸟苷,球蛋白
GABA	γ-aminobutyric acid	γ-氨基丁酸
GDP	guanosine diphosphate	鸟苷二磷酸
GGT	γ-glutamyl transferase	γ-谷氨酰转移酶
GMP	guanosine monophosphate	鸟苷一磷酸

英文缩写	英文名称	中文名称
GSH	glutathione(reduced form)	还原型谷胱甘肽
GSSG	glutathione(oxidized form)	氧化型谷胱甘肽
GTP	guanosine triphosphate	鸟苷三磷酸
Hb	hemoglobin	血红蛋白
HDL	high density lipoprotein	高密度脂蛋白
HMG-CoA	β-hydroxy-β-methylglutaryl-CoA	α-羟-β-甲基戊二酸单酰辅酶 A
5-HT	5-hydroxytryptamine	5-羟色胺
I	inhibitor	抑制剂
IMP	inosine monophosphate	次黄嘌呤核苷酸
LDH	lactate dehydrogenase	乳酸脱氢酶
LDL	low density lipoprotein	低密度脂蛋白
MTX	methotrexate	甲氨蝶呤
mRNA	messenger RNA	信使核糖核酸
NAD^+	nicotinamide adenine dinucleotide	烟酰胺腺嘌呤二核苷酸
$NADP^+$	nicotinamide adenine dinucleotide phosphate	烟酰胺腺嘌呤二核苷酸磷酸
P	product	产物
PABA	para aminobenzoic acid	对氨基苯甲酸
PCO_2	partial pressure of carbon dioxide	二氧化碳分压
PAM	pyridine aldoxime methyliodide	解磷定
Pi	inorganic phosphate	无机磷酸
PPi	inorganic pyrophosphate	无机焦磷酸
PL	phospholipid	磷脂
CoQ	ubiquinone	泛醌
RNA	ribonucleic acid	核糖核酸
rRNA	ribosomal RNA	核糖体核糖核酸
AMS	serum amylase	血清淀粉酶
STB	serum total bilirubin	总胆红素
S	substrate	底物
CB	conjugated bilirubin	结合胆红素
UCB	unconjugated bilirubin	非结合胆红素
T	thymine	胸腺嘧啶
TG	triglyceride	三酰甘油
tRNA	transfer RNA	转运核糖核酸
U	uracil,uridine	尿嘧啶,尿苷
UDP	uridine diphosphate	尿苷二磷酸
UDPG	uridine diphosphoglucose	尿苷葡糖二磷酸
UDPGA	uridine diphosphoglucuronic acid	尿苷葡糖醛酸二磷酸
UMP	uridine monophosphate	尿苷一磷酸
UTP	uridine triphosphate	尿苷三磷酸
UAMS	urine amylase	尿淀粉酶
VLDL	very low density lipoprotein	极低密度脂蛋白
5-FU	5-fluorouracil	5-氟尿嘧啶
6-MP	6-mercaptopurine	6-巯基嘌呤

《生物化学概论》数字化辅助教学资料

一、网络教学资料

1. 网址 www.ecsponline.com/topic.php？topic_id＝29

2. 内容

(1)教学大纲及学时安排

(2)教学用 PPT 课件

二、手机版数字化辅助学习资料

1. 网址(二维码)

2. 内容

(1)知识点/考点标注

(2)练习题:每本教材一套,含问答题、填空题、选择题等多种形式

(3)模拟试卷

三、相关选择题答案

生物化学模拟试卷(一)

1. E   2. E   3. C   4. B   5. C   6. D   7. D   8.C   9. B   10.C   11.B   12.D   13. D

14. A   15. C   16. A   17. C   18. D   19. D   20.C   21. D   22. B   23. D   24. A   25.B

生物化学模拟试卷(二)

1. D   2. C   3. B   4. E   5. E   6. A   7. D   8.D   9. C   10.B   11. B   12.D   13. B

14. A   15.B   16.E   17. D   18.E   19. A   20.E   21. C   22.D   23. E   24.E   25.B

参 考 文 献

车浩龙 . 2009. 生物化学 . 2 版 . 北京：人民卫生出版社 .

程伟 . 2003. 生物化学 . 北京：科学出版社 .

何旭辉 . 2011. 生物化学 . 2 版 . 北京：人民卫生出版社 .

黄诒森，张光毅 . 2008. 生物化学与分子生物学 . 2 版 . 北京：科学出版社 .

李平国 . 2009. 生物化学基础 . 南京：东南大学出版社 .

刘粤梅 . 2005. 生物化学 . 北京：人民卫生出版社 .

马如骏 . 2001. 生物化学 . 3 版 . 北京：人民卫生出版社 .

潘文干 . 2009. 生物化学 . 6 版 . 北京：人民卫生出版社 .

王镜岩，朱圣庚，徐长法 . 2002. 生物化学 . 3 版 . 北京：高等教育出版社 .

韦斌，宾巴 . 2012. 生物化学 . 西安：第四军医大学出版社 .

吴梧桐 . 1997. 生物化学 . 6 版 . 北京：人民卫生出版社 .

肖建英，张学武 . 2012. 生物化学 . 2 版 . 北京：人民军医出版社 .

许煜和 . 2010. 生物化学概论 . 北京：人民军医出版社 .

杨淑兰，张玉环 . 2010. 生物化学基础 . 北京：科学出版社 .

周爱儒 . 2006. 生物化学 . 6 版 . 北京：人民卫生出版社 .

周克元，罗德生 . 2010. 生物化学 . 2 版 . 北京：科学出版社 .